心理学常识

王闵◎编著

中国纺织出版社有限公司

内 容 提 要

心理学是研究心理现象和心理规律的一门科学，心理学植根于生活，与我们的生活息息相关，生活中的每一个人，都应该了解一点心理学常识，它可以使你摆脱无所适从的困惑；借此更好地了解生活，改变人生。

本书从心理学的理论知识入手，结合现实案例，阐述心理学在生活中各方面的应用，有效地帮助你了解自己、优化生活，进而从容面对人生。

图书在版编目（CIP）数据

心理学常识 / 王闵编著.--北京：中国纺织出版社有限公司，2020.9
ISBN 978-7-5180-7385-6

Ⅰ.①心… Ⅱ.①王… Ⅲ.①心理学—通俗读物
Ⅳ.①B84-49

中国版本图书馆CIP数据核字（2020）第076550号

责任编辑：闫 星　　责任校对：韩雪丽　　责任印制：储志伟

中国纺织出版社有限公司出版发行
地址：北京市朝阳区百子湾东里A407号楼　邮政编码：100124
销售电话：010—67004422　传真：010—87155801
http://www.c-textilep.com
中国纺织出版社天猫旗舰店
官方微博http：//weibo.com/2119887771
三河市宏盛印务有限公司印刷　各地新华书店经销
2020年9月第1版第1次印刷
开本：880×1230　1/32　印张：6
字数：104千字　定价：39.80元

前言

生活中的你，是不是曾有这样一些看不懂的人和事：

逛街时，我们本来不“感冒”的商品，为什么在导购员三言两语地劝说下，我们就心甘情愿购买了；为什么大家认为是天作之合的情侣分道扬镳了，而我们不好看的两个人，却幸福地生活在一起？为什么我们穿颜色鲜艳的衣服，心情也会好起来……

其实，这些问题，心理学都能给你答案。在我们的生活中，这样的心理现象无时无刻不在上演，其实，心理学与我们的生活息息相关，无论是衣食住行、为人处世，还是工作中的人际关系，都离不开心理学这个范畴。这正如法国文学家罗曼·罗兰所说：“人类的一切生活，其实都是心理生活。”

那么，什么是心理学呢？

提到心理学，我们大多数人都认为它很神秘，而那些从事心理咨询工作的专业人士更是深不可测，因为他们似乎有一双透视眼，能洞察他人内心的一切。伟大的心理学家荣格曾说过：“心灵的探讨必将成为一门十分重要的学问，因为人类最大的敌人不是灾荒、饥饿、贫苦和战争，而是我们的心灵自身。”

著名行为心理学派大师阿尔伯特·班图拉曾说："心理学不能告诉人们应当怎样度过一生，但是，它可以给人们提供影响个人变化和社会变化的手段。而且，它能帮助人们去评估可供选择的生活方式及社会管理的后果，然后做出价值抉择。"可见，懂得心理学对个人发展的影响以及在生活中的作用，这对我们认识自我、看待生活、改变人生来说都具有积极的作用。

当然，"纸上得来终觉浅，绝知此事须躬行"，对于任何知识的学习，我们都要落实到实践中，心理学知识同样如此。在了解了心理学的理论知识后，我们还应该将之运用到具体的生活实践中。

其实，学习心理学知识不仅能帮助我们舒缓压力、调解身心，还能帮助我们解决很多现实生活中的问题，比如，社交关系、职场人际、亲子沟通、婚姻经营等，但这需要我们在了解心理学知识的基础上再掌握一些具体的操作方法，这样，无论我们处于什么场合，都能洞悉他人的内心，然后根据具体的问题对症下药，这样，我们才能说对话做对事，才能达成所愿。

现在，我们就需要这样一本实践心理学的实用指南，可以说，本书就是一本心理指导用书，本书从生活和工作中那些神奇的心理现象出发，告诉我们这些现象背后的心理学原理，并从生活中的各个方面开始阐述心理学知识的运用，其中还涉及情绪心理学、识人心理学、社交心理学、职场心理学、用人管人心理学、成功心理学、婚恋心理学、快乐心理学等方面，从而为你指点迷津，帮你出谋划策，为你的人生找到前进的航标，希望广大读者在阅读完本书后都有所收获。

编著者

2020年3月

目录

第 01 章

心理学是什么——敲开心理学的大门

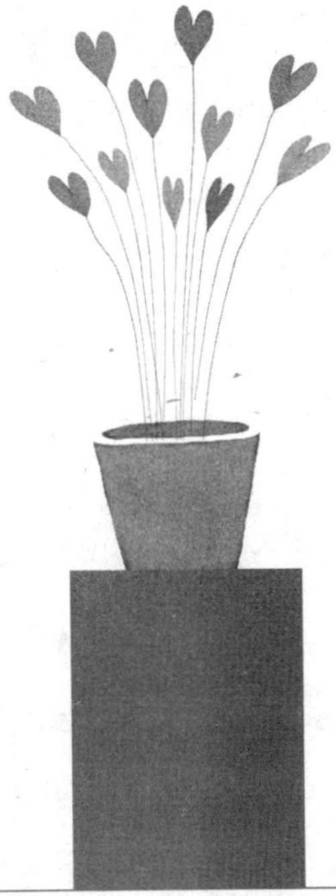

心理学的定义

一位老妇人的家门前每天都会有一群孩子聚集在那里嬉戏玩闹，这严重打扰了她平静的生活，老妇人为此感觉非常苦恼。于是，她想出了一个办法，她对孩子们说，如果他们每天到她家门前来陪她玩儿的话，她就给他们每人10元钱。

第一天，许多孩子都来玩耍，老妇人按照约定付给他们每人10元钱。第二天更多的孩子来玩耍，老妇人只给了他们每人5元钱，孩子们尽管觉得并不满意，但是第三天他们还是来了，这次老妇人付给他们的钱变成了1元钱，到第四天，来玩耍的孩子变少了，并且老妇人只肯付给他们每人5角钱，孩子们非常生气，觉得自己受到了捉弄，他们大喊着："没钱谁陪你玩啊！"一哄而散。从此，他们再也没有在老妇人的门前出现。

在上面这个故事中，开始孩子们在老妇人家门前玩耍只是一种自发的行为，但是老妇人用付钱的方式，将"玩耍"这一行为变成了由金钱也就是她自己主导，孩子们成了被动的一方，所以当老妇人付的钱越来越少的时候，作为交易对象的孩子们的行为开始贬值，他们觉得继续下去得不到利益了，所以也就渐渐不再到老妇人门前玩耍了。老妇人就是利用了孩子们的这种心理，成功操纵了他们的行为，这就是一个简单的心理学的应用。

我们非心理专业的普通人常常会有这样的疑问，什么是心理学呢？读心术？激励课程？其实，这些都跟心理学有一定的关联，但都不能算作严格意义上的心理学。人们看到美丽的事物会觉得喜欢，看到悲伤的故事会难过得流泪，这些都是内心活动产生的影响。心理学就是根据外在表现出来的语言、表情、行为来分析研究其内心活动。有的时候人们的心理会非常奇怪，明明很想和某个人说话，见到他却只会躲；明明很讨厌一个人，见到他的时候却会表现得非常热情，我们该怎样判断"喜欢"还是"讨厌"呢？我们这些行为背后又有着怎样的我们自己都弄不清楚的心理动因呢？

我们的眼睛在某些时候可能会对我们造成欺骗，比如，如果白天的时候你在某个公共场合看到两个人发生争执，其中一个人颐指气使，脾气暴躁，得理不饶人，而另一个则态度温和、礼貌、谦恭。当天晚上，有人告诉你，那两个人中有一个人被另一个人谋杀了，你会怎么想，你肯定第一感觉是脾气温和的被脾气暴躁的那位给杀了，但是事实真的如此吗？

让我们来进行一个简单的心理测试吧，先看题目：

当你在卧室发现了一只蟑螂，你会怎么做？

A. 用拖鞋拍打　　B. 直接用脚踩死　　C. 用杀虫剂毒死

D. 用报纸打死　　　　E. 绕过去等它自己爬走

这道题目主要是测试如果在婚姻中出现了第三者或者爱人背叛出轨，我们面对这些情况时会做何反应：

选A：用拖鞋拍打

当出现情敌或者情人移情别恋的情况，你一时会感觉到惶恐无措。为了维护你们之间的爱情，你会选择找一些帮手，在你们之间进行劝诫和调解。如果劝诫和调解无效，你也不会变得歇斯底里，你会找到好的方式进行报复，当然，仍是自己不出手，能为你效劳的人还是很多的。

选B：用脚踩死

当出现情敌或者情人移情别恋的情况，愤怒和厌恶是你最先会出现的情绪，你不接受对方的任何理由或者借口，你会当机立断地斩断彼此之间的关系，你也不屑于立马就进行报复，也许以后有机会碰到可能会给对方穿小鞋，但是那不是你会关注的事情，你认为如果能够和对方老死不相往来是最好的结果。

选C：用杀虫剂

当出现情敌或者情人移情别恋的情况，你往往只会感觉到厌恶，曾经的感情有多么深厚，现在就会对对方有多么厌恶，你希望对方马上滚出你的视线和生活，不要留下任何痕迹，往往你会突然展开一段新的恋情，以期消除自己脑海中对方曾经存在过的印象。

选D：用报纸打死

当出现情敌或者情人移情别恋的情况，你会最先思考该如何进行报复，只要能有效地打击对方，使对方受到伤害，你就会感觉满意。如果最终情人回到你的身边，你也会重新接纳他，至于会不会心存芥蒂，那就是只有你自己才清楚的事情了。

选E：直接绕过

当出现情敌或者情人移情别恋的情况，你最初的反应是难以置信，你会怀疑事情的真实性，甚至怀疑自己是不是做错了什么才导致这样的情况出现，你甚至会自欺欺人地当作什么都没有发生过，只为等待对方回心转意。你在爱情里严格遵守着忠贞的规则，也同样希望对方能遵守，如果对方真的破坏了这种规则，你就会发现原来自己的报复心很重。

心理学启示

心理学是一门结构严谨的学科，它的应用范围非常广泛，不仅日常人与人之间的交际交往过程中会应用到心理学，现代的各行各业中也开始加入心理学的内容，以便更好地辅助工作的开展，如保险推销员会研究顾客的心理从而更好地完成工作；发生灾难之后的救灾人员也会研究人们的心理从而更好地安排灾后工作；法律工作者们也会通过研究嫌疑人的心理来判断他是否会犯罪等。心理学作为独立于科学和哲学体系之外的一门学科，已经越来越多地为人们所关注。

心理学可以这样划分

十字路口发生了一起车祸，一位老人在过马路的时候被车撞倒，因为发生在清晨的时候，路过的行人较少，两个上班族见到受伤的老人，急忙叫来救护车将老人送进了医院。另一起车祸发生在下班高峰期，事故现场围了众多的行人，这时可能就是另一番情景，这个招呼“发生车祸了，好可怕”，那个招呼“有认识的吗，赶紧送医院”，但是就是没有一个人上前，直到半个小时之后，才有人想起来叫救护车。这在心理学上被称为“林格曼效应”。

“林格曼效应”也叫作“社会性逃逸”，一件事情如果交给一个人来负责，这件事能很快地完成，但是如果将这件事情交给十几个人，并且每个人都没有明确分工，人们就会想着“即使我不去做还有别人去做”，结果就是谁都不做，事情自然无法完成。这是一种很常见的社会心理学现象。心理学家们对于心理学的分类有很多种，一种心理效应可能是某种心理学的反映，也可能和多种心理学有关。下面，我们就来简单介绍一些具有代表性的心理学分类。

1. 基础心理学

基础心理学包括认知心理学、社会心理学、发展心理学、人格心理学、异常心理学等。下面我们分别对这几种心理学来做一下介绍。

认知心理学是研究人们的感知和记忆的心理学，人们用眼睛或肢体进行感觉，大脑是如何识别和保存这些信息的，这就是认知心理学要研究的内容。认知心理学究其根本就是通过观察研究输入和输出的信息来推断过程之中发生的内心心理变化。

社会心理学是研究个人、群体和大众在社会中的心理现象的心理学，人不是独立地存在于世界上的，人与人、人与社会之间发生的关系都是社会心理学需要研究的内容。社会心理学既是社会学又是心理学。

发展心理学是从身体、思想、社会关系等方面研究人的一生中的各个时期的心理现象以及心理成长变化的心理学。发展心理学主要以研究对象的年龄为依据进行划分，具体可分为幼儿心理学、青年心理学、老年心理学等。

人格心理学是指研究一个人所具有的特定行为模式的心理学，它也被称为性格心理学，但它不仅包括性格，还包括信念、能力、情绪、价值观等，它表现为个体综合状态下的内部行为倾向。

异常心理学是指研究偏离普通人正常心理活动的病态心理或行为的心理学，也称为“病理心理学”。异常是一个相对的概念，人们的许多特征如身高、体重、智力水平、情感表现等都处在一个相对稳定的范围之内，而少数处于范围两端甚至范围之外的情况则称之为异常。

2. 应用心理学

应用心理学的范围非常广泛，我们常见的应用心理学的内容主要包括法律心理学、临床心理学、教育心理学、环境心理学、消费心理学等。

法律心理学是介于法律和心理学之间的一门综合性学科，它是研究与法律有关的各种心理活动和行为规律倾向的心理学，包括立法心理、司法心理、犯罪心理、诉讼心理等，其中对犯罪心理的研究一直是心理学研究领域的一个重要分支。

临床心理学主要运用于患有病理性心理疾病的人群，通过运用心理学的知识和理论，对病人进行心理咨询和指导，帮助病人纠正异常的精神特征或行为倾向，重新树立正确的人生观和价值观，培养健全的人格，以便更好地适应社会生活。

教育心理学是研究在教育过程中教育者和被教育者的心理活动和行为现象，及其产生原因和变化规律的心理学。在我国，教育心理学主要是针对将要从事或已经从事教育工作的人员而开设的一门课程，学习教育心理学有助于更好地设计教学课程、改良教学方法、增强学生的学习动力以及帮助学生正确面对学习生活过程中所遇到的各种问题。

环境心理学是研究环境与人的心理活动和行为倾向的心理学，又被称为人类生态学或生态心理学。环境包括自然环境和社会环境，所以环境心理学是属于社会心理学的一个分支。

消费心理学是研究消费者在日常购买过程中的心理现象和

行为规律的心理学，它是商业心理学领域的一个分支，是在现代物质生活日益丰富的过程中逐渐产生的一门心理学科，常见的消费心理学有广告心理学、营销心理学等。

如何运用心理学的知识去追求一个你喜欢的男孩子或者女孩子呢？心理学家将相互吸引的诱因简单地归纳为几个变量，下面我们来看看这些变量分别是什么以及它们之间是如何相互作用的。

第一个变量是距离，人们往往容易与和自己空间距离较近的人相互吸引，如我们在QQ聊天的时候通常会问对方“你在哪个城市”，而当其回答让你知晓你俩是同属一个城市时，会使你俩更快地建立联系；第二个变量是相似，人与人相似的时候会更容易相互吸引，没有人会不喜欢自己，父母也常常会偏爱更像自己的孩子；第三个变量是能力，人们会崇拜有能力的人，但是对于约会的对象，我们还是希望他是那种偶尔会犯小错的人；第四个变量是身体吸引，外表永远是人的第一张名片，美丽的事物谁都会喜欢，而且身体的吸引还包括性魅力的吸引，可能只是激素的作用就能让两个人相爱，这一点儿也不稀奇。

现在，让我们来具体尝试一下，如果你只是一个很普通的人，喜欢上了你所在学校里的某个优秀的异性，你想与之建立恋爱关系，那么应该怎样做呢？

首先，建立良好的第一印象。美好的第一印象永远不会有第二次。人们一般在见面后的几秒钟内就对对方形成了第一印象。而且这种印象往往先入为主，很难改变。所以我们一定要格外重视这个印象。比如，你先一步借走了他写论文正需要的那本参考书，你就等着他主动开口找你借吧，或许还能获得一份免费的午餐，这谁知道呢。但是如果第一印象很糟糕，你可能需要5个月或者更久的时间才能挽回形象。那些不修边幅就出现在食堂或商店的习惯还是改了吧，谁知道什么时候就会遇到你的Mr. Right。

其次，制造偶遇，借机接近。去他去的食堂，去他去的图书馆，去他去的自习室，永远保持着两三个座位的距离，当你时常出现在他的附近的时候，还怕他会注意不到你吗？当然，希望你不会猥琐到让对方想要叫警察，当你哪天突然没有在他的周围，他开始觉得不习惯，开始询问你没有出现的原因，这时你的计划就已经成功了大半了。

再次，展现自我，深入认识。雄孔雀求偶的时候还会开屏呢，你在追求喜欢的人的时候难道不会表现一下自己吗？不要说品质内涵这种东西外表又看不出来，不知道怎样才能让对方知道自己是个多么有内在美的人，给老人让座、无偿帮助别人、发生争吵主动让步、大度不计较别人的无意过失等，从这些很简单的小事中都能看出你所具有的品质，我们日常生活中的一言一行始于内心欲望，以小见大并不是什么困难的事情。

最后，增进了解，分享秘密。这个时候的两个人应该已经脱离了泛泛的君子之交的浅层次的交往，有了感情上的交流。比如遇到伤心事的时候会彼此安慰，碰到难题的时候能相互商量，彼此都有了一定的了解，关系虽然还没能更近一步，但是也已经稳定了，友情以上恋人未满。想跨过友情这一步，分享彼此的秘密是个很好的方法，当然，“交浅言深”是交往过程中的大忌，一定要衡量好彼此之间尤其是对方感情进展的尺度，否则很可能会将对方吓跑。而且，这个秘密的选择一定要慎重，不然当不成恋人，只能做“闺蜜”或者“哥们儿”可是很让人欲哭无泪的事情。

以上这些内容只是简单地介绍了一下心理学在我们追求异性的过程中的运用，但是任何方法也只是起辅助性的作用，追求一个人，最重要的秘诀就是，一定要真心换真心，只有真诚的情感才是打开彼此心门的最好的钥匙。

心理学启示

心理学的种类有很多种，分类方式也多种多样，对于非心理学专业的人来说，知道心理学的分类只是为了更好地了解什么是心理学，心理学究竟是研究什么的，心理学在我们的日常生活中又扮演了怎样的角色，在平时的生活和工作中，我们不一定要通晓所有种类的心理学，只要能简单应用心理学知识解决一些生活中的问题就已经足够了。

心理学与生活息息相关

“买两件减二十”“满三百送一百”，我们平时逛商场时经常会发现类似的促销活动，然后，顾客就会蜂拥而至，明明某件商品只需要一件，为了那20元钱也会买两件，明明购物不满300元，为了得那100元也要凑满300元消费，但是最后，我们真的省钱了吗？或许我们省了一点点小钱，但是真正赚钱的是商家。商家正是抓住了消费者这种“贪便宜”的心理倾向作为招揽生意的方法。我们只看到了省钱这一个有利的方面，而其实这种冲动消费本身就是一种浪费，我们真的需要这件东西吗？或者我们以这样的价格买这件东西真的值得吗？这些问题在我们头脑发热的时候从来不会考虑，而购物回家之后再后悔已经晚了。

上述情况就是心理学在生活中的一个简单应用，了解了其中的心理学原理，商家可以用以刺激消费，扩大销售。而消费者在了解了这种心理动因之后也有助于克制购买欲望，提防诱惑背后的小陷阱。

由此可见，心理学已经越来越普遍地被运用到了我们的日常生活当中。现代社会日新月异的发展，生活节奏的加快，人与人之间的关系趋于淡薄，每天我们都要面临许多选择和挑战，无论是尚不懂事的幼儿还是垂暮之年的老人，都会碰到心灵无助或充满困惑的时候，良好而健康的心理状态不仅能够帮助我们完善自我，提升品质，坚定内心，让我们随时保持积极向上的心态，而且在人际交往的过程中，也需要了解一些心理学的知识，以便更好地和人相处。

心理学对于每个人的生活都有积极的指导作用，大体包括以下两个方面。

良好的心理意识让我们的个人生活更加和谐美好。我们平时总觉得周围的人是快乐的，只有自己最倒霉，其实不然。斯坦福大学经研究发现，我们总是低估别人的负面情绪，其实他们没有我们想象的那么快乐。想要有一个积极的人生，就要从生活的各个方面注意，对于工作，我们努力但是不拼力；对于家庭，我们忠诚但是不刻板；对于金钱，我们追逐但是不贪婪；对于享乐，我们喜爱但是不放纵。生活是架持衡的天平，你赋予它什么样的意义，它就带给你什么样的感受。

了解一些心理学知识可以让我们的职场之路更加平顺。记住下面的几条箴言，可以有效改善你在办公室的人际关系：上司是喜欢听到赞美，但无休止地奉承只会让你显得可鄙；你可以不够聪明，但是不能不够小心；认真好做事，谨慎好做人；以为自己才是最聪明的，这本身就是个比较笨的念头；不仅要学会站在领导的立场上思考问题，还要时刻站在自己的立场上处理事情；要与不同的人保持不同的亲密度，尤其是领导上司，适当的距离是对对方地位的尊重。

是什么让我们坠入爱河的呢？情感的产生也有心理学的内

在动因。彼此的各方面特征关系着第一眼的缘分，一见钟情并不是童话故事，当一个人出现了符合我们心中期望的某种特性的时候，我们的心里就很容易产生“就是他”的念头。

长期的相处，彼此之间日渐亲近的关系，拉近了两人之间心理上的距离，信任和好感也随之产生。爱情是需要好好经营的，经常沟通，避免无意义的争吵，保持彼此间的尊重等都是浇灌爱情幼苗的灵泉。

心理学在生活中的应用是体现在方方面面的，进入职场之前的面试中就或多或少地渗透了某些心理测试的内容，超市货架的摆列也有着促进消费的心理暗示，婆媳之间的相处也可能有“近则不逊，远则怨”的深刻内涵，等等。多了解一些心理学方面的知识，对于我们的生活是很有好处的。

玩过“杀人游戏”吗？如类似于《天黑请闭眼》《三国杀》等的桌面游戏。玩这类游戏可以很好地锻炼我们的口才、想象力、逻辑分析能力和交际能力，一场游戏就是一场激烈的角逐，而在这场较量中，有相当大的比重是在比谁的心理战术更严谨有效。

游戏以10名参与者为例，其中1名法官、2名警察、2名杀手，剩下的5人是平民。法官先请自己之外的众人闭上眼睛，提示杀手可以开始杀他选定的目标，然后杀手闭上眼睛，法官提示警察出来指认杀手，并且判断指认的人是否正确。然后法官提示众人睁开眼睛，这个时候已经有一个平民或者警察被杀了，被杀者留下遗言后从游戏中出局，剩下的人开始依次阐述自己不是杀手的理由，并指认杀手，而且要说明怀疑的原因，被怀疑者可以自己辩解。最后，由众人投票决定谁是杀手，并实施判决，然后再开始下一轮的杀人游戏。

游戏最终，如果平民或者警察被全部杀掉，则判杀手赢；如果是杀手被全部杀掉则判平民和警察赢，如果警察在指认杀手的过程中判断正确，可以选择“跳井”来暴露身份指认杀手，当然警察一般不会轻易“跳井”，不然身份暴露很容易被杀掉。各种版本的杀人游戏不同，游戏规则也不完全相同，但是大概流程就是这个样子。现在，让我们来看看，怎么运用心理战术让这个游戏更好玩儿。

游戏一开始的时候，直接的明示会比暗示更容易让人产生心理的认同感，比如，某个人说“这一轮我们要把4号杀掉”，这样，4号真的很快就会被杀掉，即使他再有理由申明自己是平民或者警察，在人们的意识里，还是希望他死掉，这是不是很没有道理。

法官在提示杀手杀人或者警察指认的时候，你是否会注意到声音指示的方向，那就是一个有趣的心理盲点，法官在开口之前并不知道谁是杀手谁是警察，但是他会有一定的倾向性，这个倾向性也许是正确的，至少法官指示警察的时候就会把已知的杀手略过，但是也有很大的可能，这是个有诱导性的错误暗示。

面带微笑、沉着冷静的一定会是平民或者警察吗？愁容满面、惶恐不安的一定会是杀手吗？小心你被别人的表情欺骗了。沉着冷静的可能是已经杀死了一个警察正瞄准了下个目标的杀手。惶恐不安的可能是因为申辩不够有力而担心随时会被杀死出局的平民。游戏中，在防备语言和表情陷阱的同时，你是不是也在设计着类似的陷阱等着人跳进来呢？

心理暗示除了做出来给别人看之外，还可以应用到自己身上，如果你是个杀手，是不是可以告诉自己，其实自己是平民，只是在帮助某个“队友”来剔除他认定的“坏人”，这很有趣，往往成功的心理暗示不仅能让自己忘记自己的身份，也能让周围的人产生相同的认知，从而坚信你是“好人”。

“杀人游戏”有趣的地方就在你的眼睛在欺骗你，周围人的言语在欺骗你，甚至你自己都在欺骗你自己，而你要做的就是不择手段地保护自己不被杀死。上兵伐谋，游戏就是一场战争，玩的就是你的心理我了解、我的心理你不知。

心理学启示

了解心理学的知识，对我们的日常生活和工作都是很有帮助的。你想要得到某个异性的青睐，了解了恋爱心理学的读心术之后就很容易达成心愿；你想知道自己为什么会喜欢阅读别人内心思想，了解了色彩心理学你就能找到答案；你发现自己的意识的能力，了解了认知心理学后就会发现这不是什么常存在于神话传说问题。心理学是我们生活中必不可少的调节剂，可以很好地掌握，人们理解了心理学的知识，就可以让我们的人生更加顺畅自如，生活和工作起来也更加得心应手了。

人类历史上的第一次心理实验

远在两千六百多年前的一天，古埃及有两个婴儿刚出生，就被抱离母亲的怀抱，交给一个远在边陲的牧人抚养。牧人把他们分别安置在两个隔离的房间内，生活环境温暖舒适，食物充足，但是，周围除了草原上奔马的嘶鸣和羊群的咩咩叫声之外，他不准任何人跟他们说一句话，更准确点说，是不让他们听到任何人类的语言……牧人为什么这么做呢？为什么要这样对待两个刚刚出生的婴儿呢？

在古埃及有这样一个传说：

古埃及人一直认为自己是世界上最古老的民族。他们一直想证明这个事实。

到了公元前7世纪的后半叶，萨姆提克当上了埃及的国王。在萨姆提克统治期间，他不仅将亚述人驱逐出境，使埃及的艺术和建筑得以昌盛，为社会创造出极大的财富，而且把埃及建设成当时世界上最强大的帝国。早在孩提时期，萨姆提克就立下了两大宏愿：做埃及国王和证明埃及民族是世界上最古老的民族。现在他如愿以偿地当上了埃及国王，可以着手实现自己的第二个心愿了。

当时有人向萨姆提克提出了这样一个假设：如果孩子一出生就把他们隔离开来，使他们没机会从周围的人那儿学习语言，那么，他们可能会本能地说出一种最原始的语言——人类与生俱有的语言。萨姆提克认同这个观点，他想以此证明，最古老的民族就是埃及人。

萨姆提克开始着手行动，他命人抱来两个婴儿，并把他们交给一个远在边陲的牧人抚养。希腊历史学家希罗多德追溯了这个故事的真正起源，它来自麦菲斯的赫菲斯托斯教堂的牧师之口。他说，萨姆提克的目的其实很简单，就是想知道这两个婴儿咿呀学语之后所说出的第一个单词是什么。

孩子们快两岁了，这一天，牧人照常打开房门，孩子们突然跑向他叫道："贝克斯……贝克斯……"牧人欣喜万分，这可是两年来孩子们除了哭和笑之外说出的第一个单词呀！牧羊人没有耽搁，立即将两个孩子送到了国王的宫廷。这时的萨姆提克正在主持朝政，两个孩子被带上来后，宫廷里群臣颔首，鸦雀无声，只有墙角的滴水时钟在叮咚作响。终于，萨姆提克也从孩子们的口里听到了"贝克斯"这个词。

萨姆提克反复思索这个词的意思，但还是一无所获，于是命令全国的语言学家都到宫廷里集合来破解这一人类语言之谜。语言学家的答案出来了——“贝克斯”在弗里吉亚语中是“面包”的意思。他非常失望，他认为这个实验证明弗里吉亚是一个比埃及更古老的民族。

从上文的故事中我们可以看到，人类很早就开始了对自身的心理探索和认识。虽然那时的推论还不完善，但已经开拓了心理实验的先河。

心理学启示

对于萨姆提克研究的问题，如今心理学家和科学家通过实验观察，发现世界上根本不存在天然的语言，这也不符合唯物论的事物之间存在联系的观点。抛开事物之间的相互联系，不可能凭空产生语言或其他的东西。况且人是群体动物，一个从小就生活在与世隔绝状态下的人，根本不可能自己“说话”。萨姆提克的假设只是停留在一个猜想之中，但我们仍然对他肃然起敬，他的这次实验被称为人类历史上的第一次心理实验。

欲望的心理学解析

心理学家告诉我们，求知上进、有所追求是一件好事，但如果被欲望占据了内心，便给人生的悲剧拉开了序幕。对某些人来说，生命是一团欲望，欲望不能满足便痛苦，满足便无聊，人生就在痛苦和无聊之间摇摆。这样的人生无疑是可悲的。

尼采说：人最终喜爱的是自己的欲望，不是自己想要的东西！能够控制欲望而不被其征服的人，无疑是个智者。被欲望控制的人，在失去理智的同时，往往会葬送自己的前程或性命。

一天傍晚，两个非常要好的朋友在林中散步。这时，有位僧人从林中惊慌失措地跑了出来，两人见状，便拉住那个僧人问道："你为什么如此惊慌，到底发生了什么事情？"

僧人忐忑不安地说："我正在移植一棵小树，忽然发现了一坛子黄金。"

两个人感到好笑，说："这僧人真蠢，挖出了黄金还被吓得魂不附体，真是太好笑了。"然后，他们问道："你是在哪里发现的，告诉我们吧，我们不害怕。"

僧人说："还是不要去了，这东西会吃人的。"

两个人异口同声地说："我们不怕，你就告诉我们黄金在哪里吧。"

僧人告诉了他们埋藏黄金的地点，两个人跑进树林，果然在那个地方找到了黄金。好大一坛子黄金！

其中一个人说："我们要是现在把黄金运回去，不太安全，还是等天黑再往回运吧。这样吧，现在我留在这里看着，你先回去拿点饭菜来，我们在这里吃完饭，等半夜时再把黄金运回去。"

于是，另一个人就回去取饭菜去了。

留下的这个人心想："要是这些黄金都归我，那该多好呀！等他回来，我就一棒子把他打死，那么，这些黄金不就都归我了？"

回去的那个人也在想："我回去先吃饭，然后在他的饭里下些毒药。他一死，黄金不就都归我了吗？"

回去的人提着饭菜刚到树林里，就被另一个人从背后用木棒狠狠地打了一下，当场毙命了。然后，那个人拿起饭菜，狼吞虎咽地吃了起来。没过多久，他的肚子里就像火烧一样地疼，这才知道自己中毒了。临死前，他心里暗想：僧人的话真的应验了，我当初怎么就没有明白呢？

欲望就像是一条锁链，一个牵着另一个，永远不能满足。很多人都明白，贪欲会把人带向罪恶的深渊，让人失去理智。它可以使人相互摧残，甚至使最好的朋友都能反目成仇。贪字头上一把刀，人的内心一旦被贪欲所吞蚀，那他必将被其毒害。

人生如同一条河流，有其源头，有其流程，当然也有其终点，而不管流程有多长，有多短，终究都会到达终点，流入海洋。那么在我们活着的时候，有什么欲望是一定非要满足不可的呢？为什么要让欲望肆意滋生呢？

有一位心理学家在课堂上讲过这样一个故事：

有一天，利达法师来到一座寺院当新住持。初来乍到，他绕着寺院四周巡视，发现寺院周围的山坡上到处长着灌木。那些灌木呈原生态生长，树形恣肆而张扬，看上去随心所欲，杂乱无章。

利达法师找来一把修剪园林的剪子，不时去修剪一棵灌木。半年过去了，那棵灌木被修剪成一个半球形状。

僧侣们不知住持意欲何为，问利达法师，利达法师却笑而不答。

这天，寺院来了一个不速之客。来人衣衫光鲜，气宇不凡。利达法师接待了他。寒暄，让座，奉茶。对方说自己路过此地，汽车抛锚了，司机现在修车，他进寺院来看看。

利达法师陪来客四处参观。行走间，客人向利达法师请教了一个问题："人怎样才能清除自己的欲望？"

利达法师微微一笑，折身进内室拿来那把剪子，对客人说："施主，请随我来！"

他把来客带到寺院外的山坡。客人看到了满山的灌木，也看到了利达法师修剪成形的那棵。

利达法师把剪子交给客人，说道："您只要能经常像我这样反复修剪一棵灌木，您的欲望就会消除。"

客人疑惑地接过剪子，走向一丛灌木，喀嚓喀嚓地剪了起来。

一壶茶的工夫过去了，利达法师问他感觉如何。客人笑笑："感觉身体倒是舒展了许多，可是日常堵塞心头的那些欲望好像并没有放下。”

利达法师颔首说道：“刚开始是这样的。经常修剪，就好了。”

来客走的时候，跟利达法师约定他十天后再来。

利达法师不知道，来客是本地享有盛名的娱乐大亨，近来他遇到了以前从未经历过的生意上的难题。

十天后，他又来了，当他已经将那棵灌木修剪成了一只初具规模的鸟的样子时，法师问他，现在是否懂得如何消除欲望。大亨面带愧色地回答，“可能是我太愚钝，眼下每次修剪的时候，能够气定神闲，心无挂碍。可是，从您这里离开，回到我的生活圈子之后，我的所有欲望依然像往常那样冒出来。”

利达法师对大亨说：“施主，你知道为什么当初我建议你来修剪灌木吗？我只是希望你每次修剪前，都能发现，原来剪去的部分，又会重新长出来。这就像我们的欲望，你别指望完全消除。我们能做的，就是尽力把它修剪得更美观。放任欲望，它就会像这满坡疯长的灌木，丑恶不堪。但是，经常修剪，就能成为一道悦目的风景。对于名利，只要取之有道，用之有道，利己惠人，它就不应该被看作心灵的枷锁。”

人的欲望就像头发一样，总会向上生长。心理学家分析表明，欲望是人痛苦的根源，因为欲望永远不能被满足。我们要做的是尽量将自己的生活简单化，减少对物质的过多依赖，简简单单的生活会让人变得神清气爽。当然，我们不能要求每个人都做到清心寡欲，但至少我们可以在简化自己生活的过程中，减少自己的欲望。我们会明白，即使我们缺少一些东西，生活还是一样过得很好，甚至更快乐。

心理学启示

当生活越简单时，生命反而越丰富，尤其是少了欲望的羁绊，我们越是能够从世俗名利的深渊中脱身，感受到自己内心深处的宽广和明净。因此，每一个人都应懂得修剪自己的欲望。

第 02 章

心理学是一面镜子——帮助我们看清自己

我们如何了解自己

肖曼·巴纳姆是一位著名的魔术师，他曾经这样评价自己的表演："我的节目之所以受欢迎，是因为节目里包含了每个人都喜欢的成分，所以，每一分钟都会有人上当受骗。"事实上，在现实生活中，我们既不能时刻来反省自己，看清自己，也不能把自己放在局外人的位置来观察自己。大多数时候，我们只能借助外界的一些信息来认识自己。所以，我们很容易受到外界信息的暗示，迷失在环境中，并习惯性地把他人的言行作为自己行动的参照。早在两千多年以前，古希腊人就把"认识你自己"刻在了阿波罗神庙的门柱上，但是，直到今天，我们也只能遗憾地说，"认识自己"仍有一段遥远的距离，其原因在于我们并不了解最真实的自己。

爱因斯坦16岁那年，父亲给他讲了一个故事，正是这个故事改变了爱因斯坦的一生：

昨天我与杰克去清扫南边的一个大烟囱，那烟囱需要踩着里面的钢筋踏梯才能进去。杰克走在前面，我在后面，我们俩抓着扶手一阶一阶地爬了上去，下来的时候，杰克依旧走在前面，我还是跟在后面。后来，钻出烟囱后，我发现了一件奇怪的事情：杰克的后背、脸上全被烟囱里的烟灰蹭黑了，而我身上竟连一点烟灰都没有。我看见杰克的模样，心想我一定和他差不多，脸脏得像个小丑，于是，我到附近的小河里去洗了又洗。而杰克看见我全身干干净净，就以为自己和我一样，只简单地洗了洗手就上街了，结果，街上所有的人都笑破了肚子，他们以为杰克是个疯子。

最后，父亲郑重地对斯因斯坦说："别人谁都不能做你的镜子，只有自己才是自己的镜子，拿别人做镜子，白痴或许会把自己照成天才的。"

我们之所以无法了解到真实的自我，大部分原因在于我们容易受外界信息的影响，诸如他人的言行等，在那些来自外界信息的暗示下，我们就可能出现了自我认知的偏差，好似爱因斯坦的父亲看着杰克浑身很脏，就以为自己身上也很脏。因此，要想真正地看清自己，我们需要避免陷入别人眼光的谜团中，让自己成为自己的镜子。

有一个割草的孩子打电话给陈太太："您需不需要割草？"陈太太回答说："不需要了，我已有了割草工。"这个孩子又说："我会帮您拔掉花丛中的杂草。"陈太太回答说："我的割草工也做了。"这个孩子又说："我会帮您把草与走道的四周割齐。"陈太太说："我请的那人已经做了，谢谢你，我不需要新的割草工人了。"孩子挂了电话，哥哥在旁边不解地问道："你不是就在陈太太那儿割草打工吗？为什么还要打这个电话？"孩子带着得意的笑容说："我只是想知道我做得有多好。"

孩子通过打电话向雇主询问而收集了一些关于自己的信息，这样，他就能够预见自己未来的成长以及可能取得的成绩，从而认清自己。大多数人，难以拥有天生明智和审慎的判断力，实际上，判断力是在收集信息的基础上进行决策的能力，而信息对于判断有着不可忽视的作用。当我们无法收集到一些关于自己的信息，对自己就难以做出明智的判断，导致最终不能看清自己。

当一个人的情绪处于低落、失意的时候，他就对生活失去了控制感，于是，他内心的安全感也受到了影响。这样一个缺乏安全感的人，其心理的依赖性将大大增强，比较容易受他人言行的信息暗示。所以，当对方说出一段无关痛痒的话时，我们很容易"对号入座"，这就是一种心理倾向，这将影响到我们对自己作出真实的判断。

心理学启示

我们应该学会面对自己，不要因为自己有"缺陷"或者自己认为那是缺陷，就想办法将其掩盖起来，而这样的做法极其愚蠢。试想，当你把自己的眼睛蒙上时，你就真的掩盖了自己的缺陷了吗？因此，无论是自身的缺陷还是优点，我们都应该正确看待，因为面对自己是认识自己的必经之路。

让自己具有自我认知能力

美国浪漫主义诗人朗费罗说：“别人借我们的过去所做的事来判断我们，然而，我们判断自己，却是凭借将来能做些什么事。”心理学教授丹尼尔·吉尔伯特曾见过这样一个姑娘：衣衫不整、蓬头垢面，但长得很美。吉尔伯特教授跟她聊天，她也心不在焉，教授沉默了一会儿，突然问她：“孩子，你难道不知道你是个非常漂亮、非常好的姑娘吗？”“您说什么？”姑娘惊喜地问，美丽的大眼睛里泛着泪光。原来，在日常生活中，她所面对的是同学的嘲笑、母亲的谩骂，以至于她失去了自我认知的能力。子曰：“不患人之不知己，而患人之不己知。”对每一个人来说，最担心的事情就是不够了解自己，不能清楚地认知自己。因此，我们要善于剖析内心，让自己具有自我认知的能力。

一个人名声的好坏、能力的高低，是别人从事物的外表下的定义，根本就不是这个人的本质，自己真正的能力，只有自己心里最清楚。然而，一个人最难认知的就是自己的内心，最难以回答的就是：我是谁？我想要的生活是什么？不过，当你清楚地认知了自己，就能够在这个世界上找到最基本的出发点，就能够去善待他人。

年轻时候的富兰克林很自负，有一次，一个工友把富兰克林叫在一旁，大声对他说：“富兰克林，像你这样是不行的！别人与你意见不同的时候，你总是表现出一副强硬而自以为是的样子，你这种态度令人觉得如此难堪，以致别人懒得再听你的意见了。你的朋友们都觉得不和你在一起时比较自在些，你好像无所不知、无所不晓，别人对你无话可讲了，他们都懒得和你谈话，因为他们觉得自己费了力气反而感到不愉快，你以这种态度来和别人交往，不去虚心听取别人的见解，这样对你自己根本没有好处，你从别人那里根本学不到一点东西，但是实际上你现在所知道的却很有限。”富兰克林听了工友的斥责，讪讪地说道：“我很惭愧，不过，我也很想有所长进。”“那么，你现在要明白的第一件事就是，你已经太蠢了，现在还是太蠢了！”这个工友说完就离开了。

这番话让富兰克林受到了打击，他猛然醒悟了过来，并开始重新认识自己，与内心作了一次谈话，并提醒自己：“要马上行动起来！”后来，他逐渐克服了骄傲、自负的毛病，成为了著名的科学家、政治家和文学家。

我们需要拥有全面认识自己的能力，全面认识既包括优点也包括缺点。一旦我们没有真正地认识自我，将导致内心自负或自卑等心理，最终这些负面的心理会影响到我们的一生。

认知自我是一种胜不骄败不馁的从容，需要冷静的思考，这样才有机会赢得最后的成功；认知自我是一种高度自立的洒脱的生活方式，看清生命的本真，创造出属于自己的人生价值；认知自我是一种高度责任心的反省，将勇气与真诚注入自己的言行中，认清前面的方向。所以，剖析内心，在忙碌之后不忘与自己作一次深入的交谈，从而拥有自我认知的能力。

心理学启示

从认知自己到剖析自己，这是一个美好的人生历程。自我认知是一种严谨的人生态度，自信而不自满，无论是春风得意还是失败困惑，我们依然保持最平常的心态。拿破仑一生战功赫赫，但在晚年却遭遇了“滑铁卢”的惨败，此时他依然贪恋富贵，企图复辟王朝，最终在绝望中死去。清楚地认知自己，需要我们摆脱一切外物的依赖，绝不做金钱或权力的奴隶。

欣赏自己，找到自己的优点

心理学教授威廉·詹姆斯说：“世界精神太忙碌于现实，太驰骛于外界，而不遑回到内心，转回自身，以徜徉自怡于自己原有的家园中。”世界上没有两个完全相同的人，每个人都是独立的个体，都有许多与众不同的甚至优于别人的地方，这是每一个人值得骄傲的地方。我们没有理由总是欣赏别人，而忽略了自己的优点；没有理由一味地比较，而最终丢失了自我。罗丹说：“生活中并不是缺少美，而是缺少发现美的眼睛。”认同自己，学会欣赏自己，你会发现一个全新的自己。

在一次哈佛大学泰勒·本·沙哈尔教授的课堂上，有个学生在课堂上向沙哈尔提问：“请问老师，您是否了解您自己呢？”沙哈尔心想：是呀，我是否了解我自己呢？他回答说：“嗯，我回去后一定要好好观察、思考、了解自己的个性，自己的心灵。”

泰勒·本·沙哈尔教授一回到家就拿来了一面镜子，仔细观察着自己的外貌、表情，然后来分析自己。首先，沙哈尔看到了自己闪亮的秃顶，心想：“嗯，不错，莎士比亚就有个闪亮的秃顶。”随后，他看到了自己的鹰钩鼻，心想：“嗯，大侦探福尔摩斯就有一个漂亮的鹰钩鼻，他可是世界级的聪明大师。”看到了自己的大长脸，就想：“嗨！伟大的美国总统林肯就是一张大长脸。”看到了自己的小矮个子，就想：“哈哈！拿破仑个子就很矮小，我也是同样矮小。”看到了自己的一双大撇撇脚，心想：“呀，卓别林就有一双大撇撇脚！”

于是，第二天他这样告诉学生：“古今国内外名人、伟人、聪明人的特点集于我一身，我是一个不同于一般的人，我将前途无量。”

泰勒·本·沙哈尔教授善于欣赏自己，这令他充满了自信，即使在别人看来，自己的长相并不出众，但是，经过他一番积极的心理暗示——原来自己身体的每个部分都与名人、伟人、智者扯上了关系，这样一来，自己肯定是一个前途无量的人。尼采曾这样说：“聪明的人只要能认识自己，便什么也不会失去。”只有学会欣赏自己，才能使自己充满自信，并从自信中获得快乐，使自己的人生不迷失方向。

“人活着，或许有不少人值得欣赏，但你最应该欣赏的是你自己。”玻尔是丹麦的物理学家，他在年轻时就提出了量子论，然而，在一次科学讨论会上，权威们却否定了玻尔的理论，但这并没有使玻尔失去信心，反而更加努力地研究起来，为了寻找理论根据，他做了大量的实验，后来，科学家们证明了玻尔的观点，他因此荣获了诺贝尔奖。正所谓“天生我材必有用”，学会自我欣赏可以产生巨大的力量推动自己走向成功，学会欣赏自己是成功的第一秘诀。

小泽征尔是世界著名的交响乐指挥家，在他还没有出名之前，他曾参加了一次世界优秀指挥家大赛。在决赛中，他按照评委会给出的乐谱指挥乐队演奏，在指挥过程中，小泽征尔敏锐地发现了不和谐的音符。刚开始，他以为是乐队的演奏出现了错误，于是，他停下来重新指挥，但是，演奏还是出现了不和谐的声音。他当即指出："我觉得乐谱有问题。"这时，所有在场的作曲家和评委会的权威人士都坚定地说："乐谱绝对没有问题。"面对权威人士质疑，小泽征尔涨红了脸，但还是斩钉截铁地大声说："不！一定是乐谱错了！"话音刚落，评委们全部站了起来，对他报以热烈的掌声，祝贺他通过了决赛。原来，乐谱不过是评委们精心设计的一个"圈套"，而小泽征尔却以坚定地认同自己而获得了最后的成功。

每个人都是独一无二的，没有任何人能够取代我们，也没有任何人能够贬低我们，除非你首先看轻了自己。有人总是叹息自己工作不如别人，外貌不够出众，才能不被老板赏识。其实，我们不必在乎别人的看法，学会欣赏自己或许能够重新找回自信。这个世界上没有两片完全相同的叶子，我们都是最特别的那一个。抛弃对他人的膜拜，以及对自己的否定，冷静地思考，你会发现自己身上有着许多他人没有的特点，自己也可以和他人一样优秀。

心理学启示

有这样一句经典的话："你在桥上看风景，看风景的人却在楼上看你。"当我们总是在羡慕别人的时候，别人却正在欣赏着你，可谓"风景总是在别处"。人与人之间进行互相比较是不可避免的，但是，我们要知道，自己有缺点但更有优点，因此，在欣赏别人的同时不要忽略了自己。欣赏自己是一种智慧，它会令你浑身上下散发出自信的魅力；欣赏自己是一种心理暗示，当你把自己想象成什么样，你就会真的成为什么样的人。认同自己，学会欣赏自己，活出自己的价值，眺望远处的风景，准确把握自己的坐标，这才是人生的魅力所在！

你的心理高度，决定了你人生的高度

在一次培训课上，一位心理学家绘声绘色地给学生们讲述了这样一个故事：

一位教授曾经做过这样一个实验，在一个玻璃杯里放进一只跳蚤，跳蚤立即轻易地跳了出来。我们知道跳蚤跳的高度一般可达它身体的四百倍左右，所以跳蚤称得上是动物界的跳高冠军。接下来他再次把这只跳蚤放进杯子里，然后立即在杯子上加一个玻璃盖，跳蚤照样跳起但却重重地撞在玻璃盖上。一次次被撞，跳蚤开始变得聪明了，它开始根据盖子的高度来调整自己所跳的高度，直至在盖子下面可以自由跳动。

一天后，实验者把盖子轻轻拿掉，跳蚤不知道盖子已经去掉了，它还是在原来的那个高度继续跳。

从此，可怜的跳蚤再也没有跳出那个玻璃杯，最终死在了里面。

实验结束后，很多学生觉得有些滑稽，坦言说跳蚤实在是太愚蠢了，只是一个小小的玻璃盖，使得原本弹跳力很强的它被困在了一个特定的弹跳高度，不能自由自在地生活，真是可悲。

心理学家告诉学生们：与其说是盖子挡住了它向上的路线，使得它无法突破这个固定的框框，不如说是这个盖子框住了跳蚤的思维和观念，使得它在特定的环境中，培养出了一种思维定式，这种定式深深地作用于它的内心，使得它告诉自己，那个盖子的高度，是无法超越的。

人和跳蚤存有某些共同点，如果人长期被禁锢在特定的环境内，同样会形成一种固定的思维模式，在潜意识里面深深植根，在心理上表现为不敢尝试。在已成定局的情况下，人的思维又往往是单一的，在受限制的特定的环境中形成的思维方式，很多的客观因素同时作用于心理，告诉你，就应该是这样的，不能超越，没有其他回旋的余地，于是，就形成了思维定式。最终使得人往往在简单的事情面前，也不能做出正确的判断。

心理学启示

如果你审视自己之后，发现自己的观念缺少灵活的变通性、自己的心理缺乏不断尝试的勇气，那么，你就很有必要及时从“跳蚤效应”的魔咒里把自己解脱出来了。

放飞你的心，别被无谓的烦恼束缚

1907年，詹姆斯结束教学生涯，从哈佛大学退休，同时退休的还有他的好友物理学家卡尔森。

有一天，两人突发奇想，打了个赌。詹姆斯说："我一定会让你不久就养上一只鸟的。"卡尔森不以为然："我不信！因为我从来就没有想过要养一只鸟。"

没过几天，恰逢卡尔森生日，詹姆斯送上了礼物——一个精致的鸟笼。卡尔森笑了："我只当它是一件漂亮的工艺品。你就别费劲了。"从此以后，只要客人来访，看见书桌旁那只空荡荡的鸟笼，他们几乎都会问："教授，你养的鸟什么时候死了？"卡尔森只好一次次地向客人解释："我从来就没有养过鸟。"然而，这种回答每每换来的却是客人困惑而有些不信任的目光。无奈之下，卡尔森教授只好买了一只鸟，詹姆斯的"鸟笼效应"奏效了。

通过这个案例，我们看到"鸟笼效应"的一个很有意思的规律：如果一个人买了一个空的鸟笼放在自己家的客厅里，过不了多久，他一般会有两种选择，丢掉这个鸟笼或者买一只鸟回来养。

原因是：空空的鸟笼挂在客厅里，不仅显得别扭，而且也极不美观。即使主人不在意，每次来访的客人都会很惊讶地问他这个空鸟笼是怎么回事，或者把怪异的目光投向空鸟笼。时间一长，他不愿意忍受每次都要进行解释的麻烦，就会丢掉鸟笼或者买只鸟回来相配。

心理学家对这一现象解释说，这是因为买一只鸟比解释为什么有一只空鸟笼要简便得多。即使没有人来问，或者不需要加以解释，长时间放置一个空空的鸟笼也会对人的心理造成一定的压力，时间一长，“鸟笼效应”也会使其主动去买来一只鸟与笼子相配套。

“鸟笼效应”是一种潜在的对心理的影响。佛经云：人最难摆脱的是无谓的烦恼。许多人不正是先在自己的心里挂上一只笼子，然后再不由自主地往里面填满一些东西吗？在心理学领域，“鸟笼效应”也被称为“空花瓶效应”。如一个女孩子的男朋友送了她一束花，她很高兴，特意让妈妈从家里带来一只水晶花瓶，结果为了不让这个花瓶空着，她的男朋友就必须隔几天就送花给她。

心理学启示

近几年，人们对住房的刚性需求加大，房子成了稀缺资源。一个人一旦买了房子就想去装修，于是麻烦就开始了，整体布局，房间的主色调，每件物品的搭配，家具的选择，每个选择都受前一因素的影响或制约。如为了藏书去做个书柜，做了书柜就要配一个凳子，配了凳子可能还需要配一个落地窗，这样看书才高雅，配了落地窗，又发现房子太小，必须把房间打通……“鸟笼效应”就这样发生在装修房子的过程中，如果把握不好自己的心理，不能保持一颗平常心，恐怕在这个过程中会遇到诸多的烦恼。

第 03 章

分析不同人格，洞悉这些语言习惯背后的性格密码

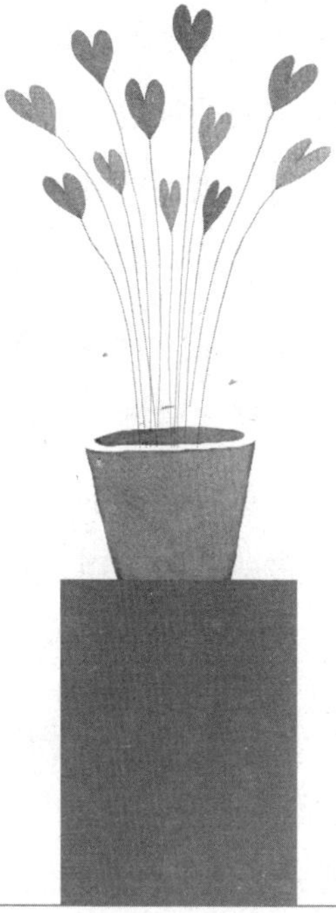

把“没错”挂在嘴边的人，渴望得到认同

在日常生活中，我们经常听到有人说“绝对没错”“这事肯定没错”“当然是这样，错不了”。似乎对方一次次地在肯定自己的观点与意见，那么，当对方这样说话的时候，我们该如何应对呢？如果你自以为聪明地辩解：“可是，我觉得这事情似乎还有另外的原因……”这时，你再仔细观察对方，定会发现对方的脸上出现了不悦的神色。其实，那些嘴里常说“没错”的人需要我们的认可，因为在其内心深处，他对此事也存在一定的疑问，这样的人或许是一名上司，但是，作为一名上司，如果不能看清楚一些事情，肯定会被下属看不起，而上司恰恰想隐藏自己内心的想法。对此，在“没错”这个词语的背后，隐藏着上司需要他人认可的欲求。因此，在工作中，我们要留意那些嘴里常说“没错”的上司，在很多时候，他们需要得到我们的认同，而不是反驳与辩解。

在公司会议上，王总经理分析了当前的市场前景：“昨天我看了你们递交上来的销售报告，觉得很有必要给大家说说我们目前的市场前景……”说完了，王总不忘记补充一句：“我想大概

就是这样子，应该错不了，你们觉得呢？”员工小吴举手示意，王总点头允许，小吴拿着自己总结的报告说道：“我觉得关于市场前景，我们还需要考虑更多的因素，否则，所得出的结论就是不全面的……”小吴洋洋洒洒地说了半天，并提出了自己的见解，说完后，他心中有些小兴奋，心想上司肯定会赞赏自己的。没料到，吴总一句话不说，而是喊了小李来谈谈自己的看法。

小李站起来说道：“关于市场前景的报告，我昨晚也总结了一份，大致内容与王总所说的差不多。”说着，他又重申了王总的报告，认同了王总的说法，这时，王总的脸上露出了笑容，赞赏道：“没错，就是这样。”坐在下面的小吴听了，心中若有所思。

一般情况下，领导都会提出自己的一些看法，末了带上一句：“没错，就是这样。”意图是希望自己的见解能够得到他人的认可，如果有下属当面提出不同的意见，领导就会感觉自己的面子受损，自然会心生不悦。因此，面对小吴提出的建议，王总一句话也不说；而小李率先肯定了自己的意见，王总自然是面露笑容，大加赞赏。

心理学启示

那么，对于那些嘴里常说“没错”的人，其内心到底有什么样的想法呢？

1. 有强烈的自我倾向

在工作中，那些经常使用“没错”的人，多自以为是，强调个人主张，有着强烈的自我倾向。他们极力维护自己的见解，漠视甚至拒绝他人的任何观点。由于固执而倔强的个性，他们不能听取他人善意的意见，所以经常会吃亏。

2. 内心有需要他人认可的欲求

有的人常说“绝对就是这样的”“当然是这样”等，其实，在其内心深处，有一种需要他人认可的欲求。当其心里一遍遍暗示自己“没错”，实际上就是想得到别人的认同。

3. 以上司的威严迫使下属认同

按常理来说，当上司一再强调“绝对没错”的时候，还有哪位不识时务的下属会发出反对的声音呢？因此，当上司一再说“没错”的时候，并不是因为心中有了十足的把握，其真正用意是希望以上司的威严迫使下属来接受并认同自己的意见。虽然，他们会假意说：“你们有什么看法吗？”但是，他们一点都不希望你能提出真正的想法。

4. 嘴里越是说“没错”，其内心越不安

通常情况下，人们总是会对自己质疑的东西一再肯定，以“没错”这样的字眼来麻痹自己。如果一个人嘴里总是说着“没错”，那么，事实上其内心并没有十足的把握，说“没错”不过是在暗示自己“真的没错”，换句话说，他们也是在说服自己。实际上，如果一件事情真的没错，真的就是这样，又何须一再强调呢？因此，那些嘴里越是说“没错”的人，其内心越不安，因为在其心里藏着大量的不确定因素。

语速平缓的人，并不平易近人

语言是我们用来表达思想、交流感情、抒发胸臆的工具，同时，也是心理、感情和态度的自然流露。而语速作为语言表达的一部分，其实却暗藏心理玄机，究其根源在于语速的快慢缓急将直接反映当事人的心理状态。

在日常生活中，我们会发现每个人都有自己相对固定的说话方式，但人与人之间的语速却变化不大。比如，谁也没见过说话跟唱歌一样的领导，也没有谁见过说话像吵架一样的领导。

大部分的领导都会采用平缓的语速，说话慢条斯理，一字一顿，透露着领导者的威严，其中夹杂着一些生分。一般而言，语速快慢有致，这样才能有效地传情达意，同时，也会令听者感觉到亲切。不过，令大多数下属感到奇怪的是，自己的上司说话总是保持平缓的速度。同时，下属感觉到，这样的上司真的很难让人亲近。

一个人的语速反映其情绪，而他的情绪恰好是其真实内心世界的反映。对于一般人来说，他在激动的时候，语速就会不自然地加快，声音也会提高；在遇到危机的时候，他的语言表达显得仓促而混乱。如此的语言表达，才是比较真实的表现。而对于那些语速平缓的人来说，他们有可能会用读圣经的语速来讲述一次危机，用慢条斯理来讲述自己的激动心情。

心理学启示

那么，那些语速平缓的人身上有着怎样的特点呢？

1. 说话没有抑扬顿挫

说话使用平缓的语速，那就表明根本没有抑扬顿挫的语调。语言学表明，一个人的语速如果缺乏快慢变化，始终保持一个速度，那就很难准确、恰当地表达自己的想法。事实表明，一个人使用平缓的语速说话，其意图是他根本就没想要传达自己内心的真实想法。他所陈述的不过是与工作有关的真实想法，如此公式化的语言，自然让别人感觉不到一丝亲近。

2. 例行公事性地指示

一个人在说话时让人感觉是在说别人的事情一样，他们总是这样面无表情地吩咐："明天之前把这个做好。"除此之外，就再也不说一句多余的话，总是一副应付工作的态度。而且，在其语言表达中，似乎没有喜怒哀乐，只有平缓的语速，假如是这样的一位上司，相信许多下属都会避而远之，又怎么会想到与之亲近呢？

3. 不想推心置腹地与人交谈

有着平缓语速的人总是能将工作与生活分开，在工作上，他一点都不希望与你聊一些生活的事情，因为这在他看来是浪费时间。另外，在其内心深处，他根本就不想推心置腹地与他人交谈，撇开工作上的诸多事宜，他不想多说一个字。面对这样的人，如果你想要亲近他，那么，不妨尝试着与他聊一些工作以外的话题，说不定有很好的效果。

4. 保持自己神秘的个人形象

试想，如果一个人连昨晚吃了什么饭都与别人分享的话，那么，这个人已经失去了神秘感。尤其是作为一名上司，他所做的不仅仅是管理工作，还有一切事情的表率。基于其特殊的身份，他有必要保持自己的神秘感，而不宜多说自己的生活细节。对此，有的上司说话平缓，其实，就是为了保持自己神秘的形象。

语言中夹带外语，是在彰显自己的优越感

在生活中，我们经常接触到这样一些人，他们不管在什么场合，无论是开会还是平常的交流，说话时总是夹杂着大量的外语，似乎想以此来表明自己的外语水平有多高。其实，那些说话中夹杂着外语的人，其内心是想拥有更多的优越感。毕竟，嘴里说点外语，总会证明自己多长了见识，或者本身有着国外留学的背景，等等。当然，我们不可否认，大多数人都会不同程度地拥有优越感，比如职业的优越感，长相的优越感等。而对于某些上司来说，自己更想获得一种优越感，如此才能在下属面前显露风头，那么，在这时候，说话夹杂外语就成

为了某些上司的最佳选择。

公司销售部的张科长曾在国外待过一年，如此傲人的经历使得他感到莫大的骄傲。而且他年纪并不大，三十出头，平日里喜欢与下属打成一团。不过，令下属感到厌烦的是，他几乎每说一句话都会带一个英语单词，比如，在中午，招呼大家吃饭的时候，他会这样说："今天我们一起去外面吃饭吧，OK？"或者是"Ladies and Gentlemen，我们去吃饭吧。"办公室里的人在听了这样的话之后，几乎连胃口都没有了。

对此，他们总是在办公室里议论上司的"外语控"："不就在国外待了一年，用得着这样装吗？真是，还都以为我们是不会英语的土包子！""就是，典型的崇洋媚外！""有本事就不用汉语说话啊。"不过，说归说，那些下属可从来没当面抗议，只是，偶尔跟张科长开玩笑："张科长，求求你别说英语了，你不知道，我英语四级都没过吗？我怎么听得懂你说的话啊。"对此类的玩笑，张科长却是一笑置之，而英语还是照说不误。

从心理学方面来说，优越感是显示蔑视或自负的状态，这是一种自我意识。而大多数人在人际交往中，都会不自觉地让自己的优越感有所收敛，以便最大限度地寻找与别人的共性，并以此实现社会交往的目的。而对于上司来说，本身的职业身份就体现着一定的优越感，但是，有某些上司并不满足，总是以"别样的语言"来显示自己的与众不同，以此获得更多的优越感。不过，凡事过度，所引起的就是相反的结果，那些说话总是夹杂着外语的上司只是赢得了表面上的一种优越感，实际上却成了被下属轮番讥笑的对象。

心理学启示

那么，那些嘴里说着外语词汇的人，其真实心理到底是如何想的呢？

1．虚荣心使然

那些说话中夹杂着外语的人，我们不难看出，他们喜欢装腔作势，认为自己只要说上几句外语就可以提高自己的身份，以此显示出自己的高雅和才华横溢，其实，这一切都是源于内心的虚荣心。或许，有的人根本就没有什么才能，他们也十分清楚自己几斤几两，于是，借用外语来掩饰自己的不足，希望别人不要以蔑视的态度来看待自己。

2. 崇洋心态

大部分嘴里夹杂着外语的人都有崇洋媚外的心态，在他们看来，无论是政治，还是经济，外国都远远超过自己的国家，而这样的想法将反应到其言行上，比如，在谈到某些方面的时候，他总是列举国外的例子，以此凸显其崇洋媚外的心理。

3. 优越感作祟

嘴里时常夹杂着外语的人，希望使用那些专业术语和外语来让自己看上去像是一个能干的人。在他们内心深处，有着极强的欲望，希望受到别人的关注，想保持自己独特的优越感。当然，如果你要想讨得这类上司的欢心，你可以向他提问“全球化是什么意思”，这时，再给下属解释此类“难度较大”的问题，他们会感到自己作为上司有着莫大的优越感。

泡菜效应：什么样的环境，造就什么样的人

在日常生活中，我们发现：同样的蔬菜在不同的水中浸泡一段时间后，将它们分开煮，其味道是不一样的，这就是著名的泡菜效应。通过这个原理，我们知道，一个人在不同的环境里，其性格、气质、素质和思维的方式等方面都会有明显的差别，这就是我们常说的“近朱者赤，近墨者黑”。泡菜效应，直接揭示了环境对人的成长的影响。1979年诺贝尔物理奖获得者温伯格曾说过：“我之所以获奖，是因为我们学校有一种人才共生效应。”经过调查发现，原来温伯格所在的那一届有十多个人都成为了美国著名的物理学家。对此，温伯格坦言学校的环境造就了自己的成功：“那时学校教物理的老师都特别棒，鼓励我们自由思考，作业很少，给我们留有闲暇，当时学校还有个科幻俱乐部，我们都是俱乐部的积极分子。”

一个生物学家在一家农场看见鸡群里有只老鹰，于是，他好奇地问主人：“为什么鸟中之王会与鸡在一起呢？”主人

说：“因为我一直喂它鸡饲料，它从小就在鸡舍里长大，所以，它不会飞，而且它根本就不认为自己是一只老鹰了。”生物学家说：“不过，它到底是一只老鹰啊，只要教它应该就会的。”经过一番商量，两人准备将老鹰放飞，第一天失败了，第二天失败了，第三天，生物学家将老鹰带到了山上，鼓励它：“你是一只老鹰，属于蓝天和大地，张开翅膀飞翔吧！”奇迹出现了，老鹰慢慢张开了翅膀，冲向天际。

环境对人的成长具有不可抗拒的作用，有人更是提出了“人是环境之子”的观点。《晏子春秋》里曾说：“橘生淮南则为橘，生于淮北则为枳。叶徒相似，其实味不同，所以然者何？水土异也。”其实，人也一样，容易受到周边环境的影响。我们与什么人相处，就会沾染上什么样的习惯，有什么样的品性，而这些行为特点将会影响我们的一生。因此，我们应该给自己创造一个良好的环境，努力从周围的环境汲取营养，以此提升自我。

心理学启示

古人曰：“近朱者赤，近墨者黑。”当我们接近品性好的人时，可以使我们学好，心中不自觉地萌发出见贤思齐的想法；当我们接近品性坏的人时，就很容易变坏。我们生活的环境就像一个大染缸，很容易将形形色色的人同化在其中。当我们处于修心重德的环境中，我们就会受到身边人的言行教化，自觉地约束自己；相反，假如我们处在道德颓废的环境中，我们就会受到身边消极观念的影响，随波逐流。因此，要想认清自己，有效地提升自我，我们应该选择一个良好的环境，这样我们的心灵才能够得到升华。

第 04 章

见微知著，从这些细微的表现看透真相

詹森心理：发挥失常的原因是什么

心理学家说，“詹森效应”在各类人身上都有体现，特别是当他们面对重大、关键的场合的时候，更易发挥失常。

在现实生活中，我们经常能发现这样一种现象：有些学生，平时考试成绩一直很优秀，上课时的表现，也经常被老师称赞，是成绩优秀的尖子生；有些运动员，在备战时，成绩已经打破了世界纪录，是夺金的热门选手，可到真正比赛时，取得的成绩却很难令人满意，甚至让人大跌眼镜。这种受某些因素影响，在关键时刻不能完全发挥自身水平的现象，心理学家称之为“詹森效应”。

之所以用詹森的名字命名，来源于这样一个小故事：

有一名叫丹·詹森的运动员，平时训练非常刻苦，实力雄厚，但在体育赛场上却连连失利。经过分析，人们发现他平时表现良好，但由于缺乏应有的心理素质而导致竞技场上的失败，从此，“詹森效应”就被心理学家广泛研究。

詹森效应可以视为是人一种浅层的心理疾病，是将现有的困境无限放大的心理异常现象。

翻看中国运动员参加历届大赛的战绩史，受詹森效应影响的人也不难找到。2004年雅典奥运会是中国在此之前，参加奥运会取得成绩最好的一届。当时被寄予夺金厚望的中国男子体操世界冠军李小鹏，在男子单项比赛中发挥失常，仅获得一枚双杠铜牌。否则，中国的金牌榜上，会再添一枚宝贵的金牌。据媒体报道，同样是他，在2003年世界体操锦标赛却获得了两个项目的冠军，而且他也是2000年悉尼奥运会的双杠金牌得主。由此我们不能说他没有夺金的实力，事实上，他在赛后接受采访时表示，这次发挥失常的主要原因是某些特殊情况给自己带来了较大的压力，心理紧张。

同样是在这届奥运会上，中国女排以3：2战胜俄罗斯队，赢得了奥运冠军，又一次成为国人的骄傲。女排精神在中华人民共和国国歌奏响、国旗升起的时刻，又一次光彩绽放。

在这场比赛的过程中，中国女排开局就处于被动，在没有调整过来的前提下，先负于俄罗斯队两局，不能再失局的中国队在第三局并没有出现人们意料中的慌乱，打得依然有板有眼，除了其间出现一次平分外，比分更是一路压着对手。就这样，赢回信心的中国姑娘笑到了最后。由此，我们不得不说，是中国女排良好的心理素质战胜了对手。很多运动员总结：在胜败取决于最后几个球的关键时刻，谁能保持沉着冷静的状态，拥有更好的心理素质，谁就能赢得最终的胜利。

随着奥运会世界影响的扩大，某些国家为了提升运动员的实力和战绩，请心理学研究人员深入分析这类大战时就表现平平的运动员的心理特征，得出了以下结论：“实力雄厚”与“赛场失误”之间的唯一解释只能是心理素质问题，主要原因是得失心过重和自信心不足造成的。

有些平时“战绩累累”、出类拔萃的运动员，由于受大家的追捧和利益的熏染，造成一种心理定式：只能成功不能失败，再加上赛场的特殊性，社会、国家、家庭等方面的厚望，使其患得患失的心理加剧，心理包袱过重，如此强烈的心理得失困扰自己，怎么能够发挥出应有的水平呢？另一方面，在心理压力的作用下，比赛的信心也会受到较大的影响，由此产生怯场心理，束缚了潜能和能力的发挥。

心理学家说，“詹森效应”在各类人身上都有体现，特别是当他们面对重大、关键的场合的时候，紧张的氛围、无形的压力等，潜移默化地敲击着他们的内心，使得他们发挥失常，错失机会。在日常生活中，有些名列前茅的学生在高考中屡屡失利，有些实力相当强的运动员却在赛场上发挥异常，饮恨败北等，这都是“詹森效应”的实例。心理学家为了引导他们解决这一问题，给出了几条建议。

心理学启示

首先，要认清“赛场竞争”的目的，其得出的只是个结果，不会对你自身产生多么严重的后果，从而克服恐惧感。赛场并不可怕，只是比平常正规一些而已，以一颗平常心对待，尽量想一些平常生活中的事，这种紧张感会有所缓解。其次，要平心静气地走出狭隘的患得患失的阴影，不贪求成功，只求正常地发挥自己的水平。赛场是高层次高水平的较量，同时也往往是心理素质的较量，“狭路相逢勇者胜”，信心越强、心态越平和，相信自己平时的水平和一分耕耘必定有一分收获，这样往往更能取得令人满意的结果。

亏欠心理：心理平衡对人的影响

很多人都认为，人情债不要欠，欠了最麻烦，由此也可以看出亏欠心理的影响。

人的本性都是善良的，即使是最恶毒的人，他也会在某个时刻，展现善良的一面。正因如此，那些心地善良的人，更容易产生亏欠别人的心理，而且一定要通过某种行动，把这种心里的感受变淡或消失。

这种由于觉得自己在某方面亏欠别人，而自主或不自主地补偿别人的做法，在生活中普遍存在，这也可以看作人际交往中的一个心理潜规则。

美国空军的著名战斗机试飞员鲍伯·胡佛经验丰富，技术高超。漫长的试飞生涯中，顺利地试飞了许多机型。有一次，他接受命令参加飞行表演，完成任务后他飞回洛杉矶，在途中，飞机突然发生故障，问题十分严重，飞机的两个引擎同时失灵。他临危不惧，果断、沉着地采取了措施，奇迹般地把飞机迫降在机场上。飞机降落后，他和安全人员检查飞机的情况，发现造成事故的原因是用油不对，他驾驶的是螺旋桨飞机，用的却是喷气式飞机的用油。负责加油的机械师吓得面如土色，见了胡佛便痛哭不已。因为他一时的疏忽可能会造成飞机失事和3个人的死亡。胡佛并没有对他大发雷霆，而是上前轻轻抱住那位内疚的机械师，真诚地对他说："为了证明你能干得好，我想请你明天帮我完成飞机的维修工作。"这位机械师后来一直跟着胡佛，负责他的飞机维修。此后，胡佛的飞机维修从来没有发生过任何差错。生活中的很多事情都是这样，对于大错误，其实不需别人指责，别人早已自责内疚了。如果此时你谅解对方，他就会产生强烈的亏欠心理，从而会时刻想着伺机图报。

心理学启示

有心人会发现，亏欠心理在其他方面也经常有所体现。你为他人多付出些，别人多半会领你的情，在某些事情上给予你帮助或方便。也许他不能立即回报你，但他会在心里记着你对他的付出，等待时机，回报你。

破窗理论：别忽视小小漏洞的负面影响

如果第一扇窗户被打破后不及时修好，就很可能会带来无法弥补的损失。

美国斯坦福大学心理学家津巴多突发奇想，曾进行了一项很有启发性的实验：

他找了两辆外观一模一样的汽车，把其中一辆摆在一个中产阶级社区，而另一辆摆在相对杂乱的一个社区。他把后一辆车的车牌摘掉，并且把车顶打开。结果不到一天，这辆车就被人偷走了。而前一辆车摆了一个星期也安然无事。后来，詹巴斗用锤子把那辆车的玻璃砸了个大洞。结果仅仅几小时后车就不见了。

后来，美国政治学家威尔逊和犯罪学家凯琳受到这个实验的启示，提出了一个现在我们所说的“破窗理论”：如果有人打破了一个建筑物的窗户玻璃，而这扇窗户又得不到及时维修，别人就可能受到某些暗示性的纵容去打烂更多的窗户玻璃。久而久之，这些破窗户就给人造成一种无序的感觉。结果在这种公众麻木不仁的氛围中，犯罪心理就会滋生得更快。

“破窗理论”是人心理的一种潜在的效应。每个人在心里都有一个准则，也有一个大家公认的行为准则。如果这个公认的行为准则遭到破坏，却没有得到相应的反应，那么个人行为的堤坝也会出现漏洞，久而久之，就会走入溃堤的境地。

“破窗理论”在犯罪行为中体现得较为直接，其主要应用在管理上。一位管理学家讲过这样一个故事：

现今企业之间激烈的竞争不仅要求产品要质量一流，而且需要不断提升核心竞争力，制度化建设成为一种卓有成效的措施。但是，现实的情况往往是制度多，有效的执行少。长此以往，企业的发展会很尴尬。对公司员工中发生的小奸小恶行为，管理者要引起充分的重视，适当的时候要小题大做，这样才能防止有人效仿，积重难返。

有一家规模不大的公司，在发展了几十年后，逐渐走入困境。究其原因，主要是公司的老板没有管理理念，很少炒员工鱿鱼。

这一天，资深车工王凯在切割台上工作了一会儿，就把切割刀前的防护挡板卸下放在一旁。没有防护挡板，虽然埋下了安全隐患，但收取加工零件会更方便、快捷一些，这样王凯就可以赶在中午休息之前完成三分之二的工作。

当上午的工作快结束时，车间巡视的主管看到了王凯的做法。主管雷霆大怒，令他立即将防护板装上后，又站在那里大声训斥他半天，并声称要作废王凯一整天的工作。

糟糕的事情还在后面，第二天刚上班，王凯就被通知去见老板。老板说：“身为老员工，你应该比任何人都明白安全对于公司意味着什么。你今天少完成了零件，少实现了利润，公司可以换个人换个时间把它们补起来，可你一旦发生事故、失去健康乃至生命，那是公司永远都补偿不了的……”

离开公司那天，王凯流泪了，工作了几年时间，有过风光，也有过不尽如人意的地方，但公司从没有人对他说不行。可这一次不同，王凯知道，这次被坏的是公司零容忍的底线。

“千里之堤，溃于蚁穴”，这是前人留下来的古训。王凯之所以被炒鱿鱼，是因为公司的老板明白了那些看起来是个别的、轻微的，但触犯了公司核心价值的“小的过错”，很有必要坚持严格管理。不及时修好第一扇被打碎玻璃的窗户，就可能会带来无法弥补的损失。从心理学的角度分析，“破窗理论”的本质是主张建立一种防范和修复“破窗”的机制，亡羊补牢，并严厉惩治“破窗”者。只有这样，才能防微杜渐，维持秩序和保护集体的行为准则。

心理学启示

心理学家分析，“破窗理论”的直接受益者是公众，是集体，而不是管理者或某个人。曾经的纽约，脏乱差现象严重。1994年，新任警察局长布拉顿从地铁的车厢开始治理：车厢干净了，站台跟着也变干净了；站台干净了，阶梯也随之整洁了。随后街道也干净了，然后旁边的街道也干净了，后来整个社区干净了，最后整个纽约变了样，变整洁漂亮了。也就是说，在公共场合，如果每个人都举止优雅、谈吐文明、遵守公德，往往能够营造出文明而富有教养的氛围。千万不要因为我们个人的粗鲁、野蛮和低俗行为而形成“破窗效应”，进而给公共场所带来无序和失去规范的感觉，更糟糕的是让自己的心理受到这种效应的影响，做出一些有违自己行为准则的事情来。

懊悔心理：期待下一次的表现

那些看似愚蠢的、可以避免的错误，往往更容易让人们懊悔不已，尤其是在一些看似能够改变我们人生的重大问题上。

在日常生活中，我们经常能发现这样一种人，他们在做了某些事情之后，因为结果不让人满意、自己有较大的损失、给自己或别人带来了某种无法挽救的伤害等，心理会感到内疚和懊悔，这种感觉在一段时间内很难平复，有时甚至会成为一种心理疾病，影响人的一生。

心理学家通过案例研究分析，不管是因为何种原因产生了懊悔心理，都具有积极和消极两种连锁效果。如果这种懊悔的情绪长期存在，人的精神就会被拽入其中，无暇用心做其他的事情，心里战战兢兢和怀有悔恨感，也会促使一个人无法展现自己正常的状态。对于那些明智的人来说，他们会让这种懊悔情绪变成一种激励自己更加奋发的力量，对于这些属于过去式的东西，过多留恋和羁绊，对自己毫无益处。过去无法挽回， 往事已成为历史， 你再悔恨也不会有丝毫改变， 重要的是吸取教训。人的一生当中，最浪费时间的莫过于懊悔。懊悔具有相当大的破坏力，它可以将人的积极上进的好心态彻底摧毁，让人变得萎靡不振。所以，千万不要总是惦念已往的过错，已经发生的事情并不会因你的后悔而有丝毫的改变。

某心理学著作中曾记录了这样一个故事:

有一位成功的精神病学家，执业多年，在精神病学界享有很高的声誉。他在将要退休时，发现在帮助自己改变生活方面最有用的老师，是他所谓的“四个小字”。头两个字是“要是”，后两个字是“下次”。他说：“我有许多病人，把时间都花在缅怀既往上，后悔当初该做而没有做的事，‘要是我在那次面试前准备得好一点……’或者‘要是我当初进了会计班……’”

在懊悔的海洋里打滚是严重的精神消耗。矫正的方法很简单：只要在你的词汇里抹掉“要是”二字，改用“下次”二字即可。当你开始感到懊悔时应该对自己说：“下次如有机会我应该这样做……”

面对那些既往的事情，只会说要是当初怎样的人，永远也走不出懊悔的心理阴影。持有积极心理的人知道，这一次的失败、错误可以是一种有益的教训，下一次，自己可以做得更好。

一位心理学家这样告诫他的学生：人生的道路不是笔直、宽阔、平坦的。无论求学、就业、择偶、成才或是组织家庭，人们都可能遇到各种意想不到的艰难曲折。许多人常常无法走出自我的圈子，他们为自己在曲折中的失误而产生种种懊悔。懊悔意味着人在现实中由于过去的行为而产生惰性。有人认为只要保持懊悔便可改变过去。其实，懊悔并不能改变过去，更不能创造未来，它只会给今天造成不必要的负担。过多的懊悔，还会磨灭对未来的追求。若沉溺于懊悔之中，对人的精神也是一种折磨。

苏联生理学家巴甫洛夫说过："不要让头经常朝后看，它能够使你木然若失。"面对已经发生的事情，懂得放下，是克制懊悔心理发生消极作用的一个有效的方法。

有一个学生经常为很多事情发愁。他常常为自己犯过的错误自怨自艾；交完考试卷以后，常常会半夜里睡不着，害怕没有考及格。他总是想那些做过的事，希望当初没有那样做；总是回想那些说过的话，后悔当初没有将话说得更好。

他的老师看到了这一切，想要帮他从懊悔中解脱出来。一天早上，老师召集全班到了科学实验室。把一瓶牛奶放在桌子边上。大家都坐了下来，望着那瓶牛奶，不知道它和这堂生理卫生课有什么关系。

过了一会，这位老师突然站了起来，一巴掌把那牛奶瓶打碎在水槽里，正当学生们惊愕之际，老师大声叫道："不要为打翻的牛奶而哭泣。"

然后他叫所有的人都到水槽旁边，看那瓶打翻的牛奶。

"好好地看一看，"他对大家说，"我希望大家能一辈子记住这一课，这瓶牛奶已经没有了——你们可以看到它都漏光了，无论你怎么着急，怎么抱怨，都没有办法再救回一滴。只有先加以预防，那瓶牛奶才可以保住。可是现在已经太迟了，我们现在所能做到的，只是把它忘掉，丢开这件事情，只注意下一件事。"

不要为打翻的牛奶而哭泣是聪明人对待过去已经发生了的糟糕的事情的积极心理。把注意力转移到下一件事情上，告诉自己下次一定要将事情做好，反而会为你的成功增添无穷的动力。

一个学生曾经总结了自己克制懊悔心理的步骤，在课堂上和大家一起分享：

（1）反复跟自己强调过去无法挽回，往事已成为历史，悔恨是毫无意义的，最明智的做法就是尽力从中吸取教训。

（2）发现并解决根本问题。有时候，悔恨心理常常伴随着复杂的原因，你要问自己：悔恨过去是想在现时逃避什么？然后努力去解决它。

（3）自立价值观念。有许多懊恼往往是寻求别人赞许不成才产生的，你应该有自己的标准。

（4）分析行为后果。客观地分析自己的行为，不要凭直觉，要看它是否有助于你向前发展。

（5）不受他人控制。明确地对那些力图使你懊悔的人表示: 你不会买他们的账。

在生活中你会发现，那些看似愚蠢的可以避免的错误，往往更容易让人们懊悔不已，尤其是在一些看似能够改变我们人生的重大问题上。由于自己的判断失误而犯了重大的错误，然后开始后悔自己当时的行为和决定，而且这种懊悔的情绪往往会维持相当长的一段时间，在这段时间里，我们几乎无法正常工作和思考，犯错误的那一幕时时都会跳出来扰乱我们的情绪，它让人们变得不开心。有的人甚至一辈子都在各种各样的懊悔中度过，他们亲手毁掉了自己本应幸福的一生。

心理学启示

面对已成事实的问题，心理学家指出，我们可以想办法改变刚刚发生的事情所产生的影响，但是我们不可能去改变当时所发生的事情。唯一可以使过去的错误产生价值的方法，就是从错误中得到教训，然后再把错误忘掉。

犹豫心理：犹豫只会让幸福落空

心理学家告诫人们，在需要做出选择时，不应将各种可能的结果单纯地视为对的或错的。

人的一生是由一个个选择构成的，每一个选择都决定了你以后的人生道路。正是因为人们知道自己在某种特定情况下做出的判断的重要性，害怕做出错误的判断，得到错误的结果，也就滋生了犹豫心理的蔓延。

从前有一头毛驴，拥有两堆草料。它饿了，可是站在两堆草料中间，是去左边还是去右边呢？往左边走走……嗯，还是去吃右边的比较好；往右边走了几步……还是觉得去左边那堆好了。走走又回头，回头又走走，于是，这头幸运的、富有的毛驴，就这样在两堆草料间活活地饿死了。

这个故事当然有点夸张，可是，不要以为人就不会做这样的傻事。因为人比毛驴聪明，思考能力强，在前思后想中，更容易犹豫不决，失去机会。

很多人面对的最简单的犹豫就是，一件事情，你可以做出两种不同的选择来处理，但此时你不知道选哪种好；有时只有一种选择时，你还会犹豫做还是不做，这种犹豫不决的状态，常常会耽误了事情的进展。有些人无法摆脱面对选择时的犹豫心理，就养成了做事拖沓的习惯，总是强迫自己、为难自己，在两者之间徘徊，结果就是选择放弃，什么都不去做，最终落得一事无成。

一个穷小子和一个富家小姐相识并相爱了，但是他总觉得两人的身份不太匹配，所以不敢过于表现自己的热情。有一天，这个年轻人很想到他的恋人家去，找他的恋人出来，一块儿消磨下午的时光。但是，他又犹豫不决，不知道究竟应不应该去，恐怕去了之后，或者显得太冒昧，或者他的恋人太忙，拒绝他的邀请。于是，他左右为难了半天。最后，他勉强下了个决心，坐上一辆三轮车去了。

车子终于停在他恋人的门前了，他虽然后悔来，但既然来了，只得伸手去按门铃。现在他只好希望来开门的人告诉他说："小姐不在家。"他按了第一下门铃，等了3分钟，没有人答应，他勉强自己再按第二下，又等了2分钟，仍然没有人答应。他如释重负地想："全家都出去了。"

于是，他带着一半轻松和一半失望回去了。心里想：这样也好。但事实上，他很难过，因为他又失去了一个与恋人相聚的机会。

你能猜到他的恋人现在在哪里吗？他的恋人就在家里，她从早晨就盼望这位先生会突然来找她。她不知道他曾经来过，因为她家门上的电铃坏了。那位年轻人如果不是那么犹豫不决，如果他像别人有事来访一样，按电铃没有人应声，就用手拍门试试看的话，他们就会有一个快乐的下午了。但是，他并没有下定决心，所以他只好徒劳而返，让他的恋人也在暗中失望。

很多时候，机会已经站在了你的身旁，只要你坚定地伸出你的臂膀，挽住她的腰，她就会倾心于你。与其相反的是，很多人都曾想挽着她的腰，但又担心她的心不属于自己。就在这反复思考之时，机会已经悄然从你身边溜走了。

受到犹豫心理干扰的人，总是诸事不顺。为消除犹豫心理，心理学家告诫人们，在需要做出选择时，不应将各种可能的结果单纯地视为对的或错的，好的或坏的，甚至不应视为更好或更坏，只需把他们看做不同的出路而已。只要自己勇敢地走下去，每一条路，都是正确的，只是其中的坎坷和风景不同。这样，你就能抛弃犹豫，大胆地行事了，此为其一。

其二，你要明确自己选择的目标，明确做事的目的。例如，你来到电子卖场买一台显示器，首先你就应明确是买台式的，还是买液晶的；要买多大尺寸，价位定在哪个档次。将目标确定了，再去看货，才不至于被售货员的商品推销弄得无所适从。

其三，要善于应变，遇事不乱方寸。任何事情都不是很单纯的，智者千虑，仍有一失，你考虑得再细致，事到临头也会有些意外情况。这使意志薄弱者最容易陷入犹豫的陷阱。因此需要冷静，需要遇事不慌。要用意志来约束自己，排除干扰，避免选择的失误。

其四，不要轻易听从别人的意见。由于人的文化素养不同，生活阅历有别，爱好、兴趣也不一样，对任何事情出现不同看法是正常的现象。而犹豫者最容易在这种不同看法面前吃败仗，所以对来自不同角度的不同声音，不必盲从，不必随声附和。只要认为自己选择的是正确的，就不必在意那些闲言碎语，犹豫心理就会渐渐消失。

对于那些谨慎和追求完美的人来说，犹豫心理是他们最大的敌人。面对一件事要做出抉择时，前怕狼，后怕虎，是意志薄弱的表现，是犹豫心理的前兆。意志是人意识的能动作用的表现。它是人在认识客观事物时，自觉地确定行动目的并选择适当的手段，通过克服困难达到自己预定目标的心理过程。意志薄弱，就是欠缺意志的抵抗力，故而又称意志欠缺。它的典型表现就是容易被外来暗示所左右，感情脆弱，胆小怕事，缺乏主见，无法自做决定，即使已经决定，也常常反悔，使得犹豫心理更加严重。

心理学启示

很多人面对多种选择或一些重要的选择时，会惶恐不安，束手无策。他们不知道也不敢做出任何的选择，只能在那里犹豫不决，看着机会从自己的手中溜走。其实，在社会上打拼了许多年的人通常有这样的经验：很多时候，你越想思考周全，防止纰漏，结果却往往事与愿违。要知道，生活中原本需要非常谨慎的事并不太多，就算是真正的大事，也很难真正找到万全之策，一再犹豫不会使事情自动向好的方向发展。不过如果一开始就敢行事，即使是走错了，或许还能尽早补救。

第05章

暗示心理学，积极的自我暗示成就最好的自己

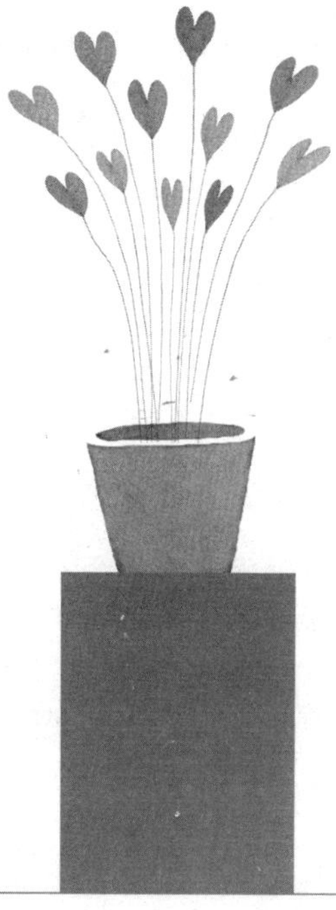

马太效应：自我引导尤其重要

在心理学领域，“马太效应”被学者广泛关注。这一术语是由美国科学史研究者罗伯特·莫顿提出的。1968年，通过研究，他发现了这样一种社会心理现象：相对于那些不知名的研究者，声名显赫的科学家通常能获得更高的声望，即使他们的成就是相似的，同样，在同一个项目上，声誉通常给予那些已经出名的研究者。例如，一个奖项几乎总是授予最资深的研究者，即使所有工作都是由很多研究者共同完成的。随后，这一现象就作为“马太效应”，被越来越多的心理学家研究。

罗伯特·莫顿归纳“马太效应”为：任何个体、群体或地区，一旦在某一个方面（如金钱、名誉、地位等）获得成功和进步，就会产生一种积累优势，就会有更多的机会取得更大的成功和进步。

根据资料记载，“马太效应”的名字来自圣经《新约·马太福音》中的一则寓言。

《圣经》中“马太福音”的第二十五章写道：“凡有的，

还要加给他叫他有余；没有的，连他所有的也要夺过来。”因此，美国科学史研究者莫顿用这句话概括了他研究的社会心理现象。

从表面上看，“马太效应”使贫者越贫，富者越富。概括来说，它是指好的越好，坏的越坏，多的越多，少的越少的一种现象。

心理学家分析说，“马太效应”揭示了一个不断成长的个人需求原理，关系到个人的成功和生活的幸福，因此它是个人成功的一个重要法则。

“马太效应”在社会中是广泛存在的。尤其是在经济领域：强者恒强，弱者恒弱，也影响着社会的分层。

“马太效应”在我们的日常生活中经常有所体现。如在学校教育中，一个品学兼优的好学生，会由于考试成绩的优异，受到学校领导的称赞，班主任更是经常表扬，同学们会羡慕他，回到家中也备受宠爱。如果能善加引导，在“马太效应”的作用下，他的学习成绩在某一段时间内仍然会稳步攀升，同时也会获得更多的称赞。

心理学启示

社会心理学家分析认为，“马太效应” 是个既有积极作用又有消极作用的社会心理现象。其积极作用是：“马太效应”所产生的“荣誉追加”和“荣誉终身”等现象，对那些落后的学生、平庸的员工，也就是那些无名者是巨大的吸引，会促使他们进一步全力奋斗，以此来推动自身的发展。其消极作用是：一个学生或一个员工若是甘于平庸，那么很可能他得到的资源会越来越少，从而使得社会上两极分化越来越严重，最终让一部分人失去成功的机会。

优势定律：优势有时也会变成一种牵绊

面对现实，审时度势，该凸显的绝不隐藏，该隐藏的绝不肆意显摆，扬长避短，你的优势才会助你走向成功。

有优点没有错，过于钟情于自己的优点就可能会犯错。对自己的长处过分在意、留恋，一叶障目，会挡住客观看待其他事物的视线，那么优点也就变成一种牵绊。

有一位年轻的模特，留着一头如绸缎般的长发，有好心的设计师提醒她长发会对形象有所影响，但她就是不肯剪掉。

又一个大赛来了，是一次国际性的大赛，如果能在这次国际性的大赛上取胜，那么她就能一步跨入名模的行列。比赛之前，她让设计师围绕着自己的长发设计了好几种时装，也进行了好多次的台步训练，自我感觉已经完美无缺了。轮到她了，现场响起了中国丝竹的音乐。迈着台步，她像一朵白云一样飘过了舞台，但在台前做华丽转身的时候，突然从台下传来了

“轰”的声音。

她笑了笑，也没有在意。踩着音乐的拍子，她继续往后走，而台下的声音也越来越响了。

她的嘴角露出了笑容，她感觉自己的这套表演已经彻底地赢得了所有在场观众的心。她有些得意了，用眼角的余光去扫视台边的助理，却见那位女助理面色绯红，一个劲儿地摆着手，非常慌张的样子。

“怎么了？”她在心里嘀咕着，觉得很是奇怪。

就在这个时候，当她再次做华丽转身的时候，突然感觉后背上遭到了轻轻一击，随之，那头如绸缎般的长发像散了架似的飘洒了下来……

顿时，全场一片哗然。

原来，在做造型的时候，她那一头长发没有用发夹扣紧，结果高高耸立的头发在做华丽转身时被甩倒，继而发夹弹出，接着头发就像大楼倒塌一样，轰然飘散。

她僵住了，欲哭却无泪。

台下坐着的都是国内外权威的评委，对于这样的失误不约而同地摇起了头来：“咳，到底还是有些年轻呀。”

当然，她没有拿到名次。

她沉寂了。待到重新复出的时候，那一头如绸缎般的长发却不见了，是她亲手剪掉的。她说：“我终于明白了，模特不需要道具，只需要自然的表演。”

在社会生存，你需要建立自己更多的优势以提高竞争的砝码。但有优势并不说明你就可以高枕无忧、坐享其成，如果以为有优势的存在就可以丢失忧患，那你离栽跟头也就不远了。

一位心理学家讲述了这样一个故事：

从前，有三个朋友一起住在一家旅店里。白天时，他们各自出去办事，一个旅行者带了一把伞，另一个旅行者拿了一根拐杖，第三个旅行者什么都没有拿。

恰巧，行至半路时，瓢泼大雨倾泻而下。晚上归来，拿伞的旅行者淋得浑身是水，拿拐杖的旅行者跌得满身是伤，而第三个旅行者却安然无恙。于是，前两个旅行者很纳闷，问第三个旅行者："你怎么会没有事呢？"第三个旅行者没有回答，而是问拿伞的旅行者："你为什么会淋湿而没有摔伤呢？"拿伞的旅行者说："当大雨来到的时候，我因为有了伞，就大胆地在雨中走，却不知怎么淋湿了；当我走在泥泞坎坷的路上时，我因为没有拐杖，所以走得非常仔细，专拣平稳的地方走，所以没有摔伤。"

随后，这个人又问拿拐杖的旅行者："你为什么没有淋湿而摔伤了呢？"

拿拐杖的人说："当大雨来临的时候，我因为没有带雨伞，便拣能躲雨的地方走，所以没有淋湿；当我走在泥泞坎坷的路上时，我便用拐杖拄着走，却不知为什么常常跌跤。"

第三个旅行者听后笑笑说：“这就是为什么你们拿伞的淋湿了，拿拐杖的跌伤了，而我却安然无恙的原因。当大雨来时我躲着走，当路不好时我细心绕过，所以我没有淋湿也没有跌伤。你们的失误就在于你们有凭借的优势，认为有了优势便少了忧患。”

拥有优势的人，无疑会有更多表现的机会和成功的可能。在依靠优势展示自己、发展自我的时候，千万不要被赞誉声弄晕了头。要知道，有优势不代表你没有劣势。只关注自己的强项，而放纵自己的劣势任意扩张，这就像是决口的河堤一样，越开越大，最终会侵蚀整个看似外观雄伟的河堤。

心理学启示

优点是我们的筹码，但绝对不是自我炫耀的资本，我们总是想把自己最完美的一面展现出来，但是需要把真实自然作为自己展示过程的亮点，那是作为铺平自己人生道路的基石，我们需要脚踏实地去展示，那样才使得我们对生命真诚，对自己忠诚。一个人老是在自己的优点面前碰壁，那么他的所谓优点，其实正是他致命的缺点。

积极阳光，你就掌握了幸福的密码

生活中，我们经常听到周围的人说“家和万事兴”“和气生财”，从这些俗语中，我们可以得出一个道理：积极阳光的心态能为我们带来好运，有了好心态，才有获取成功的希望。我们只有在心里编辑出一道积极的心理公式，才能得出幸福的结果。每个人的一生，都需要各自用心去描绘，无论自己处于多么严酷的境遇之中，心头都不应为悲观的思想所萦绕，应该让自己的心灵变得通达乐观。

现实生活中，我们难免会遇到一些影响情绪的问题，但只要我们积极面对，相信自己能成功，相信自己能获得快乐，那么，我们就能获得成功、获得快乐。

传说，有个勤奋好学的女裁缝，一天去给法官缝补法袍，她不但缝补得很认真仔细，还对法官穿的法袍进行了改装。有人问她其中的原因，她解释说：“我要让这件袍子经久耐用，直到我自己作为法官穿上这件袍子。”心想事成，这位裁缝后来果真成了一名法官，穿上了这件袍子。

人的心灵有两个主要部分，即意识和潜意识。当意识做决定时，潜意识则做好所有的准备。换句话说，意识决定了“做什么”，而潜意识便将“如何做”整理出来。意识就好像冰山浮出海平面的一角，而潜意识就是埋藏在海平面下面很大很深的部分。

可见，积极的心态能让我们心想事成，另外，它还能在我们面对困难时激发我们的聪明才智，而消极的心态，就像蛛网缠住昆虫的翅膀、腿脚一样，来束缚人们的才华。

米契尔是个传奇式人物，在他46岁那年，他在一次惨烈的意外事故中被火严重烧伤，四年后又遭遇了一次坠机事件，腰部以下全部瘫痪。

当他醒来后，他发现自己正躺在医院里，全身被烧得体无完肤，而在他的周围，躺着一群和他情况差不多的人，他们对自己的遭遇自怨自艾："为什么我要遭受这种痛苦，上天为什么要这样对我，还不如死了算了。"然而，米契尔却不这样感叹命运，他问自己："我还拥有些什么呢？我怎样才能重新站起来？此刻我还能比以前多做些什么事？"

更有趣的是，在住院期间，他结识了一位名叫安妮的漂亮迷人的女护士，他不顾脸上的伤残和行动不便，竟然异想天开："我怎样才能和安妮约会呢？"他的同伴都认为他实在有些神志不清，他必然会碰一鼻子灰回来。谁会想到一年半后两人竟然打得火热，后来安妮成了他的太太。

米契尔屹立不倒的正面态度使他得以在《今天看我秀》及《早安美国》节目中露脸，同时《前进》杂志和《时代周刊》《纽约时报》及其他出版物也都有米契尔的人物特写。

米契尔为什么能创造奇迹？因为他的心态一直都是正面的、积极的，即使在灾难面前，他依然拥有好心情，他看到的是希望，于是，他最终战胜了困难。米契尔说：“我完全可以掌控我自己的人生之船，那是我的浮沉，我可以选择把目前的状况看成一个新的起点。”

成功和失败之间的区别在于心态的差异：成功者刻意亮化积极的一面，失败者总是沉迷于消极的一面。心态是个人的选择，有成功心态者处处都能发掘成功的力量。一个人有了积极的心态，成功就变得容易了。

所以，要想得到快乐，请记住：“每天一早想想你得意的事情，不要将注意力集中在烦恼上。”积极阳光的心态是我们一生最宝贵的财富。

那么，我们该如何拥有积极的心态呢？

1. 学会自我安慰

人生在世，总会遇到一些令我们不快的事，我们要学会心理调节，这是决定人生成败的因素之一。如果一个人在这一方面迷惑不解，那么，就要借助自己的理智去解决。其中，阿Q精神就可以让我们更好地满足于自我安慰的需要。相反，如果一个人的心态调整不好，那么乐观的人生也会离得很遥远。

2. 相信自己能得到幸福

一个人期望得多，获得的也多；期望得少，获得的也少。如果你有一个乐观积极的心态，不管自己的人生有多大的挫折，自始至终都保持一种平和的心态，你就会有幸福的生活。

心理学启示

总之，积极的心态能使人看到希望，进而保持进取的旺盛斗志。消极的心态使人沮丧、失望，限制和扼杀自己的潜能。积极的心态创造人生，消极的心态消耗人生。积极的心态是成功的起点，消极的心态是失败的源泉。选择了积极的心态，就等于选择了成功的希望；选择消极的心态，就注定要走入失败的沼泽。如果你想拥有快乐的人生，想把美梦变成现实，就必须屏弃这种扼杀你的潜能、摧毁你希望的消极心态。

积极是生活的一味良药，伤心的时候乐观一点儿，孤独的时候去寻找快乐，热情而积极地拥抱生活，幸福就会像天使一般无声地降临到每个人的身边。

内心强大者，不给无助感侵袭的机会

心理学上有个名词叫习得性无助，它是由美国心理学家塞利格曼1967年在研究动物时提出的。

他用狗做了一项实验，他先把狗关在笼子里，当准备好的蜂音器一响，就电击笼子里的狗，狗关在笼子里只能呻吟和颤抖。

就这样重复了几次之后，当他再一次打开蜂音器后，他在电击之前将笼子的门打开，但奇怪的是，狗居然没有夺门而出，而是在电击之前一听蜂音器响就呈现出痛苦状。原本，这只狗可以主动地离开笼子，免除这种痛苦，但它却选择逃避。心理学家们把这种在受到多次挫折之后产生的对负情境的无能为力感叫做习得性无助或习得性绝望感。

那么，“习得性无助”又是怎样发生的呢？其实原因很简单，如果一个人总是被失败打击，他感受不到成功的喜悦，那么，他就容易形成一种无助感，自卑、失望、悲观，甚至对自我价值的认知也是消极的。

生活中，我们也经常听到一些人在遭遇失败时这样说“算了，就这样吧，没用的”“听天由命吧”……这种消极、自卑的心理是他们在学习上积极进取的最大杀手。要知道，心理暗示的作用是巨大的，如果经受了某个挫折就断然给自己下结论“不行”，就是给自己一个消极的心理暗示，时间长了，就真的会习惯性地说“我不行”。

对此，如果你正处在失败中，你一定要摆脱这种无助感，只有这样，你才能真正重拾自信。

雨后，一只蜘蛛艰难地向墙上已经支离破碎的网爬去，由于墙壁潮湿，它爬到一定的高度，就会掉下来，它一次次地向上爬，一次次地又掉下来……第一个人看到了，他叹了一口气，自言自语：“我的一生不正如这只蜘蛛吗？忙忙碌碌而无所得。”于是，他日渐消沉。第二个人看到了，他说：“这只蜘蛛真愚蠢，为什么不从旁边干燥的地方绕一下爬上去？我以后可不能像它那样愚蠢。”于是，他变得聪明起来。第三个人看到了，他立刻被蜘蛛屡败屡战的精神感动了，他变得坚强起来。

看完这则故事，我们不妨设想一下，如果我们是故事中的这只蜘蛛，我们有这样的勇气不断爬起来吗？事实上，对待同样的事物，几个人的看法不同是很正常的。就像人也有两面性一样，问题在于我们自己怎样去审视，怎样去选择。面对太阳，你眼前是一片光明；背对太阳，你看到的是自己的阴影。也许现在的你经历了很多挫折，也开始自我否定，认为自己什么都不行。但你必须从今天开始积极地认识自我，摆脱这种习得性无助，你才能真正变得坚强。

的确，人们的受挫能力是有一定极限的，人们在经受了长期的挫折影响后，便容易对自己的能力产生怀疑，对失败的恐惧远远大于对成功的希望。但无论如何，我们都要避免这样的心态，正确评价自我，才能树立自信心，走出困境，成为一个坚强的人。具体说来，在日常生活中，你需要做到以下几点：

1. 不要总是和其他人比

如果你总是拿自己的短处和他人的长处比，你就很容易产生自我否定的情绪，给自己造成心理压力，认为自己真的比别人差、比别人笨，于是形成恶性循环。

2. 客观评价自己

一个人要摆脱习得性无助，首先就要正确认识自我，多看自己的优点。人无完人，一个人对自己的评价应该是客观的，不仅包括自己的不足，而且包括自己的长处。

3. 体验成功，摆脱无助感

你不妨多去做一些成功率高的事，这样，在成功的体验中，你能逐渐树立自信心，战胜挫折，进而远离无助感。

心理学启示

人一旦沾染上“习得性无助”，就会给自己的心筑起一道永远无法逾越的墙，他们会坚信自己无能为力，放弃任何努力，最后导致失败。对此，在挫折面前，我们应该谨防习得性无助，以积极的心态看待挫折，摆脱无助心理，你才能真正成长为一个坚强的人。

罗森塔尔效应：鼓励自己，肯定自我

哈佛大学的罗森塔尔博士在心理学领域小有名气，1960年，他曾在加州一所学校做过一个著名的实验：

这一年新学期刚开始，校长对两位教师说：“根据过去三四年来的教学表现，我认为你们是本校最好的教师。为了奖励你们，今年学校特地挑选了一些极为聪明的学生给你们教。记住，这些学生的智商比同龄的孩子都要高。”校长再三叮咛：“要像平常一样教他们，不要让孩子或家长知道他们是被特意挑选出来的。”

这两位教师非常高兴，更加努力地教学。

一年之后，这两个班级的学生成绩是全校中最优秀的。

知道结果后，校长不好意思地告诉这两位教师真相：他们所教的这些学生智商并不比别的学生高。这两位教师哪里会料到事情是这样的，只得庆幸是自己教得好了。

随后，校长又告诉他们另一个真相：他们两个也不是本校最好的教师，而是在教师中随机选出来的。

在这个实验中，校长撒了谎，名单上的学生实际上并非最有发展前途的，只是他是权威，他的话也有权威性，以致所有人都相信。这个谎言首先对老师产生了暗示，老师又将自己心理活动通过语言和行为传递给学生，使学生变得自尊、自爱、自信、自强。给予别人肯定是一种心理的“强化剂”，夸奖的作用也是给予积极的心理暗示。

罗森塔尔的实验提醒我们：自尊心和自信心是人的精神支柱，被别人肯定会激发人潜在的强大力量。一位心理学系学生在阐述罗森塔尔效应时，引用了这样一个小故事：

卡耐基在很小的时候，母亲就去世了。在他9岁的时候，父亲又娶了一个女人。继母刚进家门的那天，父亲指着卡耐基向她介绍说："以后你可千万要提防他，他可是全镇公认的最坏的孩子，说不定哪天你就会被这个倒霉蛋害得头疼不已。"

卡耐基本来就打算不接受这个继母，在他心中，一直觉得继母这个名词会给他带来霉运。但继母的举动却出乎卡耐基的意料，她微笑着走到卡耐基面前，摸着卡耐基的头，然后笑着责怪丈夫："你怎么能这么说呢？你看，他怎么会是全镇最坏的男孩呢？他应该是全镇最聪明、最快乐的孩子才对。"

继母的话深深地打动了卡耐基，从来没有人对他说过这种话啊，即使母亲在世时也没有。就凭着继母这一句话，他和继母开始建立友谊。也就是这一句话，成为激励他的一种动力，使他日后成为一位成功学大师。

著名的心理学家杰丝·雷尔评论说："称赞对温暖人类的灵魂而言，就像阳光一样，没有它，我们就无法成长开花。但是大多数人，只是善于躲避别人的冷言冷语，吝于把赞许的温暖阳光给予别人。"

有人调侃地把罗森塔尔效应总结为："说你行，你就行，不行也行；说你不行，你就不行，行也不行。"换句话说，别人的肯定、夸赞是人心理的催化剂，不仅能增强他做事的信心，而且可以调动最大的积极性和展现最多的智慧来处理事情，以求获得最美满的结果。

心理学启示

罗森塔尔效应同样给当前的教育以很大的启示。由于家长和老师给予的肯定和鼓励，带来的积极的心理暗示是孩子梦想成真的基石。在孩子和学生的眼中，父母和老师通常是最具权威的人，他们的鼓励和期许是最有分量的。爱因斯坦是20世纪最伟大的科学家，但他3岁才会说话，在校成绩较差，有的老师说他“笨头笨脑”，10岁时因学业不好而被开除。对于这样一个孩子，他的父母给予了多少鼓励才使他有如此辉煌的成就。由此可见，当孩子感受到父母的期望时，就会萌发或增强好学的愿望、向上的志向、勤奋的动力。父母要告诉孩子，他们是世界上最聪明的人，并将良好的积极的期望随时传递给孩子，让孩子对自己增强自信心，对自己的前途充满希望。

第06章

学习情绪心理学，掌控驾驭快乐人生的密码

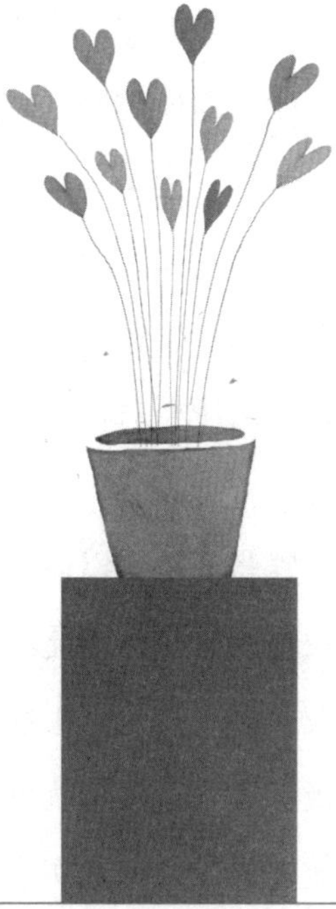

齐加尼克效应：克服紧张，轻松应对

本杰明·哈里森是美国第23届总统，1888年，在竞选这一天，他作为候选人很平静地在等候最终的结果。他的主要票仓在印第安纳州。印第安纳州的竞选结果宣布时已经是晚上11点了，一个朋友给他打电话祝贺，却被告知哈里森在此之前早已上床睡觉了。

第二天上午，那位朋友问他为什么睡这么早。哈里森解释说："熬夜并不能改变结果。如果我当选，我知道我前面的路会很难走。所以不管怎么说，休息好不失为是明智的选择。"

休息是明智的选择，因为工作会带来压力。哈里森明白这一点，但他也许不知道自己所要对付的，实际上是因工作压力所致的心理上的紧张状态。

对于任何人来说，紧张都是难以避免的。有关专家把紧张分为两种，一种是积极性的紧张，他能激发人在面对困难时做出正确的、有益的回应；另一种是消极性的紧张，他让人感觉自己无助而脆弱。消极性紧张大多困扰着人的成长，它使你不敢表现自己，遇事不能展现自己的真实水平，这还会使你产生恐惧的心理。

长期的精神紧张危害更大，据调查统计，在造成人类死亡的十大死因当中，在第二次世界大战前主要是传染病，而在战后则变成了与精神因素（也就是紧张）密切相关的心脑血管病、癌症和事故等。

在心理学领域，“齐加尼克效应”是指：因工作压力导致心理上的紧张状态。它源于法国心理学家齐加尼克曾经做过的一次很有意义的实验。

实验中，齐加尼克将自愿受试者分为两组，让他们去完成20项工作。在此期间，齐加尼克对一组受试者进行干预，使他们在路上工作而未能完成任务，而对另一组则让他们顺利完成全部工作。实验得出不同的结果：虽然所有受试者接受任务时都显现一种紧张状态，但顺利完成任务者，紧张状态随之消失；而未能完成任务者，紧张状态持续存在，他们的思绪总是被那些未能完成的工作所困扰，心理上的紧张压力难以消失，他们的精神状态在短时间内也越来越糟，无法平复。

心理学家分析说，通过对齐加尼克效应的研究分析得知：一个人在接受一项工作时，就会产生一定的紧张心理，只有任务完成，紧张才会解除。如果任务没有完成，则紧张持续不变，这种情绪积压在心底无法宣泄，会给自己的生理和心理带来严重的影响。

心理学家在一个笼子里放着甲、乙两只猴子，甲猴可以自由活动，乙猴则被捆着，不能动。科学家每隔20秒给它们一次电击，把电击前出现的灯光作为信号。在笼子里有一拉杆开关，灯亮时甲猴去拉拉杆，两只猴子都可避免电击；乙猴因被捆着，无法拉杆，只好“听天由命”。但甲猴必须时刻警觉，一见灯光就要立即拉杆，以免受电击，处在一种十分紧张的情境之中。结果，经过一个月的实验，甲猴因过度紧张不能支持下去而死去，解剖后发现有严重的胃溃疡，乙猴却安全无恙。

故事中的甲猴因唯恐受电击的情绪所累，处在一种极端紧张的状态之中，从而造成了悲剧。乙猴因不能动，处在坐以待毙的状态，反而情绪比较安稳，从而免于紧张造成的死亡。这就是长期受紧张情绪困扰的影响。

对于大多数白领阶层来说，特别是那些脑力劳动负荷比较大的人，其工作节奏日趋紧张，心理负荷亦日益加重。由于头脑持续而不间断的活动，由此产生的紧张压力感也往往持续存在。

心理学启示

美国行为医学专家布鲁斯·门罗根据自己多年对克服“齐加尼克效应”的研究，提出克服“齐加尼克效应”的诀窍就在于找到一种办法，让人们感到自己拥有某种程度的控制力，尽管目前实际上是不可能加以控制的。有时候，这意味着需要人为制造控制，比如走到卫生间里冲厕所。这种行为，看起来是毫无意义的，却能够打破持续不断的“齐加尼克效应”的循环，使得当前应激物所产生的影响分流到其他事务中。此类手段有助于将压力导向可以利用的水平，在这个水平上，人们获得控制感，将不良压力转为良性压力。

心理摆规律：加强理智对情绪的调控作用

在永远后悔和勇敢尝试之间，谁都不愿意当个懦夫，但当人处于压力下时，心理的潜在力量更容易让你选择前者。

人生中总会经历很多关键时刻的考验，也会面临各种难题，如果能把握好，人生的境界也许会由此大大提高。然而，很多人在不该打退堂鼓时拼命后退，因为恐惧失败而不敢尝试，因为害怕失去已有的东西而故步自封，因为看不清结果的好坏而不敢行动。这些心理因素极大地影响着一个人作出判断和选择。

大家都熟悉这样的现象：当你去摆动一个垂直悬挂在绳子上的物体时，这个物体向左摆动的幅度越大，向右摆动时，幅度也会越大。这种司空见惯的物理规律在我们心理上同样存在，心理学家称之为“心理摆规律”。

关颖珊是一位华裔花样滑冰的高手，她在赢得2000年世界花样滑冰冠军时的精彩表现给了我们很好的启示。在大赛开始之前，她一心想赢得第一名，然而在最后一场比赛前，她的总积分只排名第三位，在最后的自选曲项目上，她选择了突破，而不是少出错的保守做法。在4分钟的长曲中，关颖珊结合了最高难度的三周跳，并且还大胆地连跳了两次。她也许会败得很难看，但是她突破了，最后成功了。

比赛结束后，别人问她为什么要做这样的选择，她回答说："因为我不想等到失败，才后悔自己没发挥潜力。"这种强烈的渴望使得关颖珊的情绪由只能"保三"的紧张和低落，直接转为放开一切，力拼第一的积极和主动，最终获得了理想的成绩。

或许很多人面对关颖珊这个同样的问题时，都会选择"保三"的做法，不管怎样至少可以得那个铜牌。但是，关颖珊不想只拿个铜牌，她要突破自己，超越自己，她选择了力争第一！可以想象，当时她在巨大的压力下是如何保持理智与情绪之间的平衡，如何把自己的心理调整到最佳状态的。

心理学家分析说，人的心理状态在受到外界事物的刺激时，会呈现出多层次性和两极分化的特点。每一种情感都具有不同的层次等级，还有着与之相对立的心理状态，比如爱与恨、喜悦与忧伤、欢乐与痛苦等。这种情感状态就像是时钟的摆，向左摆得越厉害，也就会越向右摆。在特定背景的心理活动过程中，感情的等级越高，出现的"心理斜坡"就越大，因此也越容易向相反的情绪状态转化，有人称之为“心理摆规律”。如果此刻你感到兴奋无比，那相反的心理状态极有可能在另一时刻不可避免地出现。这就是我们经常说的“乐极生悲”！

这种“心理摆规律”能让我们在某些特殊情况下激发出自己的潜能，放手一搏，取得成功，就像关颖珊一样。但同时也要注意克服这种“心理摆规律”给我们的心理带来的不良反应。

首先，不要对平凡生活心存排斥。人生不可能总是处于巅峰状态，生活也不可能永远如诗般美好。月有阴晴圆缺，人有悲欢离合，生活有聚也有散，有乐也有苦。毕竟，人生不可能只有激情、浪漫和刺激。如果对平凡的生活状态总是心存排斥之意，那我们的心境自然也就会因生活场景的变化而大起大落。

其次，享受不同生活状态的不同乐趣。既能在激荡人心的活动中体验着激情的热烈奔放，又能在平淡如水的日常生活中享受悠然自得的生活情趣；既能吃得了山珍海味，也能吃得了粗茶淡饭。唯有如此，我们才能在生活场景发生较大转换时，在由顺境转入逆境时，避免心理上产生巨大的失落感和消极情绪。

心理学家总结说，“心理摆规律”在日常生活中极为常见。比如一个人刚得到升职或加薪的消息，他会心花怒放，可是回到家，他忽然觉得这没什么可高兴的，甚至开始为工作中的很多琐事烦心不已；再比如，你在参加朋友聚会时，激动不已、口若悬河，可是当朋友散去，你又感到冷冷清清，寂寞难耐……为什么我们的心情时常会从“沸点”降到“零点”呢？毫无疑问，这都是“心理摆规律”在作怪。

心理学启示

人们在生活中首先要处理好的事情就是理智地控制自己的情绪。人处在让自己快乐兴奋的生活环境时，应保持适度的冷静和清醒，懂得居安思危。而当自己转入情绪的低谷时，要尽量避免不停地对比和回顾自己情绪高潮时的“激动画面”，隔绝有关刺激源，把注意力转移到一些能平和自己心境或振奋自己精神的事情和激动当中去，这样才不会“触景生情”，让自己无法自拔。

霍桑效应：宣泄你的负面情绪

美国芝加哥郊外有一个制造电话交换机的霍桑工厂。在同行业内，这个工厂的娱乐设施、医疗制度和养老金制度都算是一流的，但令人匪夷所思的是，这里的员工却经常喋喋不休地抱怨自己的待遇不好，以致影响了工作效率。

为了探寻原因，美国国家研究委员会于1924年11月组织了一个调查小组，对霍桑工厂进行了一系列的研究试验，此次研究试验中，调查小组设定了一个被称作“谈话试验”的重要环节。在历时两年多的时间里，专家们分别找工人们进行了推心置腹的谈话，耐心地倾听他们对待遇、环境等方面的意见和不满，并将其言论记录在案。

正当专家们准备将这项调查结果呈报给工厂高层领导的时候，他们惊讶地发现，经过“谈话试验”后，霍桑工厂的工人们不再抱怨，干活时更加卖力，工厂的效率在短时间内得到了大幅度提高。

原来，工人们对工厂的各种规章制度、福利待遇、工作环境等方面有不满，这些不满情绪又没有得到及时地宣泄，经过长年累月的积累后就演变成了抱怨、抵触等负面情绪。而这种不满的情绪一旦被他们带到工作中，就自然而然地影响到了工作效率。“谈话试验”恰恰使他们找到了宣泄的出口，释放了积蓄多年的不满情绪，从而感到心情舒畅，干劲倍增。于是，社会心理学家将这种奇妙的现象称为“霍桑效应”。

美国《读者文摘》中记载了这样一个故事：一天深夜，一位医生突然接到一个陌生妇女打来的电话，对方的第一句话就是“我恨透他了！”“他是谁？”医生问。“他是我的丈夫！”医生为此感到莫名其妙，于是非常礼貌地对妇女说：“对不起，我想您打错电话了。”

但是那位妇女就好像没有听到医生的话似的，继续说个不停："我一天到晚照顾四个小孩，而他却天天骂我无所事事。有时候，我想出去散散心，他却不让。再看看他自己，总是很晚才回家，问起来就很不耐烦地说自己有应酬，天才会相信他的鬼话……"

开始的几分钟里，医生一再打断她的话，并告诉她打错了电话，但她却是置之不理。几分钟过后，医生不再说话，而是听她把话说完。

妇女坚持把自己的话说完了，她长吁了一口气，对这位素不相识的医生说："我知道您不认识我，可是这些话我已经压得太久了，现在我终于说出来了，我感到舒服多了，谢谢您。对不起，打搅您了！"

医生还没来得及开口，电话已经响起"嘟嘟"声。

生活中种种的不幸和不满，总是会让我们产生数不清的意愿和情绪。但这些意愿中，最终能够实现的却寥寥无几。于是，各种情绪纷沓而来。而对那些未能实现的意愿和未能满足的情绪，千万不能硬生生地将它们压制下去，而是要努力找到合适的发泄方法，将它们宣泄出来。这样不但有利于我们的身心健康，还会帮助我们提高工作效率。这也正是霍桑效应带给我们的启示。

宣泄是为了改善情绪，但一定要注意宣泄的方式，不要随便就把别人当成自己的"出气筒"。选择一个私密的空间，将自己的坏情绪统统宣泄掉，然后全新地走入生活才是让我们心情愉悦、工作高效的好选择。

周末的上午，白小松把家里翻了个底朝天，也没有找到那张银行卡，他筋疲力尽地瘫坐在床边。开始的时候，他因为找不到银行卡而焦急、恼怒。慢慢地，他已经不再是为了找卡而找卡，而是转变成了跟卡、跟自己较劲。

其实，那张卡里并没有钱，只是他打开自己的钱包时发现卡“不翼而飞”了，于是他开始折腾起来，甚至顾不上想想自己上次用那张卡到底是什么时候。

其实，白小松动怒是有别的理由，银行卡只是一根导火线。连续两个月超负荷的工作，已经让他感到疲惫不堪，加之领导动不动就拿他开刀，这样一来，无名的怒火就一直在他心中积蓄。他看到自己的女朋友时总是一张苦瓜脸，以致女朋友又时不时地抱怨。于是，当他发现卡不见的时候，感觉卡也在跟自己过不去。最终，功夫不负苦心人，白小松终于在床头柜与床之间的夹缝里找到了那张令他火冒三丈的卡。

白小松用女朋友的修眉夹夹出了那张卡，将它掰了一个稀巴烂，然后狠狠地将它扔进了垃圾桶。折腾了一上午，白小松突然感觉自己有一种长时间以来不曾感觉过的轻松。他坐在地上，长长地吁了一口气，感觉肚子饿得难受。于是，他披上衣服，下了楼来到饭馆，点了两个菜一个汤，还有一瓶啤酒。几杯下肚，白小松感到前所未有的舒爽！

一张卡成为无辜的牺牲品，但它也成了拯救白小松情绪的“功臣”，让他愤懑、忧郁、不满的情绪得到释放。适当的宣泄就如同心理排毒，能让我们感到前所未有的快感。

心理学启示

诚然，一个人如果能够收放自如地控制自己的情绪，他会被人们看作是有涵养的绅士。但是，“绅士”也需要发泄。一味地压抑自己的情绪，致使不良情绪得不到宣泄，就会使人们在心理上形成强大的压力，而这种压力一旦超越了自己承受的范围，就会引发精神忧郁、孤独、苦闷等心理疾病，甚者精神失常。因此，适当的宣泄是缓解一个人心理压力的有效方式，尽管有时这方法看起来就像白小松把卡掰碎那么幼稚。

踢猫效应：将坏情绪就此掐断

心理学上，有个名词叫做踢猫效应，它指的是人与人之间的泄愤连锁反应。我们先来看下面一个案例：

老板骂了员工小王，小王很生气，回家跟丈夫大吵一架；丈夫觉得很窝火，正好儿子回家晚了，“啪”给了儿子一记耳光；儿子捂着脸，看见自家的猫在身边，不分青红皂白就狠狠地给猫一脚；那可怜的猫不知所措，转身就跑，冲到外面街上，正遇上街上的一辆车，司机为了避让猫，却把旁边的一个小孩撞伤了。这就是“踢猫效应”，这就是我们的不良情绪带来的后果，相反，如果我们能控制自己糟糕的情绪，那么，就不会把它传染给身边的人，也就不会引发这一连串的问题。

的确，生活中，我们总会遇到一些影响我们情绪的事，平静的心情就会被扰乱，我们或开心、或悲伤、或愤怒，如果不对糟糕的情绪进行排解，那么，就会产生一个“情绪链”，而我们就是这个连锁反应的罪魁祸首。其实，冲动本身并没有任何破坏性，但在冲动的情况下，人们会做出失去理智的事，它给人带来的负面影响可能远远大于我们的想象，会给我们的生活带来深远的影响。

秀珠是一家外企公司的职员，她心地善良，和同事也相处得不错，可是令她不明白的是，为什么许多和自己一起进公司的同事都晋升了，而自己还原地不动。

有一次，公司准备派一个女职员去接待合作公司的代表，秀珠想：“这次该是我去了吧，我是公司外语最好的，没有理由不让自己去。”可是，第二天，公司没让她去，而是让一个新手去了。这让秀珠很不舒服，她这次再也忍无可忍了，准备找主管问清楚。当她正准备进主管办公室时，她在门外听到了主管和经理的对话。

“经理，这样不好吧，秀珠的确能力挺强的，这次是不是太伤她的心了。”

“就她那个火爆脾气，万一她和合作方的代表两句话不对头吵起来都说不定，我可不能让她砸了公司的生意，你们有时间也多去劝劝秀珠控制一下自己的情绪，能力好也总不能工作情绪化，这是我们公司员工必备的素质和修养。”

这些话被门外的秀珠听见了，她终于知道自己的致命弱点了，怪不得以前大家都说在这家公司必须得养个好性子，否则别想升职，她算是明白了。

后来，秀珠尝试着控制自己的情绪，每次当自己要发脾气时，她都会选择以写字的方法来转移情绪。当她写了满满一页纸的时候，她的心情也就好了。一段时间以后，她的谈吐果然不一样了，整个人的气质也由内而外改变了很多。这些改变都被领导看在了眼里，她的晋升梦实现了，关键的是，她的品质和修养得到了提升。

从秀珠的职场经历中，我们看到了坏情绪对生活的影响。有人说，人类最大的敌人永远是自己，坏情绪就像弹簧，假如你的勇气一次又一次地后退，坏情绪就会一次又一次地前进，直到最后占据你心灵的高地，全盘操纵你的一切，你的正义、勇敢、上进、积极、坚毅的品格全都会遭到最无情的蹂躏和践踏，直至这一切消失殆尽，于是，你走向失败，走向毁灭。

人们在遇到一些或悲或喜的事情时，都会激动，并且很难一下子冷静下来，所以当你察觉到自己的情绪非常激动，眼看控制不住时，可以用及时转移注意力等方法进行自我放松，克制自己冲动的情绪，对此，我们可以尝试一下深呼吸的方法。在深呼吸后，你可以通过自我暗示来平息情绪。比如，当你遇到有人超车时，你能对自己说："这个人大概有什么急事吧。"或者说："也许我的车开得的确太慢了。"那么，你就不至于会发火了。事实证明，"重新判断"的确是一种极为有效的控制不良情绪的方法。

在我们控制住冲动的情绪后，还要重新思考，努力打开心结，为什么会有冲动的情绪，为什么自己不能从一开始就看开点儿，为什么不能很好地控制情绪，这样才能从源头遏制冲动。

心理学启示

在生活中，应该懂得自己控制情绪，既不要让别人的坏情绪影响到自己，也不要让自己的坏情绪影响他人；同时，我们要把自己快乐、积极的情绪传递给他人。

生命需要一颗热情的心

有人说，生命是一段无可替代的旅程。在生命的旅程中，我们每一个人都不会是唯一的旅人。一个人若对自己的心灵有约，就会以全身心拥抱生命，即使饱经风霜，他们依然对生命充满热情，他会热爱生活的点点滴滴，他们还会以积极的心感受生命的震颤。的确，只要我们愿意，那么，无论昨天发生了什么，今天同样精彩。对生活充满热情，我们的旅途就会时时处处充满着绿意和生机，我们的生命就会无与伦比。有一个年轻人看破红尘了，每天什么都不干，懒洋洋地坐在树底下晒太阳。有一个智者问他："年轻人，这么大好的时光，你怎么不去赚钱？"年轻人说："没意思，赚了钱还得花。"智者又问："你怎么不结婚？"年轻人说："没意思，弄不好还得离婚。"智者说："你怎么不交朋友？"年轻人说："没意思，交了朋友弄不好会反目成仇。"智者给年轻人一根绳子说："干脆你上吊吧，反正也得死，还不如现在死了算了。"年轻人说："我不想死。"智者于是说："生命是一个过程，不是一个结果。"年轻人幡然醒悟。这就叫"一语点醒梦中人"。一个年纪轻轻的人，却变得老态龙钟，什么都不愿尝试，对生活失去热情，这样，生命还有什么意义呢？安诺德曾说："世界上最糟糕的事，莫过于人类丧失了他的热情。只要仍保有热情，即使失去了一切，他仍旧能够东山再起。"热情的原义，是"神在其中"，我们原本拥有它，而我们应该做的，便是使它重燃再现。

生命是一个过程，不是一个结果，如果你不会享受过程，生命就失去了意义。生命是一个括号，左边括号是出生，右边括号是死亡，我们要做的事情就是填括号，要争取用精彩的生活、良好的心情把括号填满。

怎么享受生命这个过程呢？把注意力放在积极的事情上。生命如同旅游，记忆如同摄像，注意决定选择，选择决定内容。为此，你不妨这样做：

（1）积极暗示每天清晨，当我们起床后，都应该给予自己积极的心理暗示，有时候，如果你先假装很热情的样子，你就真的会变得热情。照照镜子，然后向镜子里的那个人说："我很健康，我很快乐！我充满了热情！我很棒！"永远用你漂亮的面容，温暖而热情地对待你的家人。别忘了，是你主宰了你的家庭生活，你可以让每一天都光辉灿烂，也可以让每一天都阴暗忧郁。

（2）用激情感染别人，创造积极的生活氛围。曾经有一位演说家到一家大型公司为员工们演讲，这个人在鼓舞人心方面享有很高的声望。但在排定他出场的那个早上，他的班机却延误了，主持人不断重新排定演讲人的顺序，直到最后主持人得到消息说演说家已经到了。主持人手边有满满一页对他充满赞誉的介绍。当主持人开始介绍他时，却看见此人在后台除了不断地跳上跳下，还一直捶打自己的胸膛。主持人对此很不解。当主持人介绍完这位演说家后，演说家跑上台，作了一次非常精彩的演讲。午饭时间，主持人与演说家一起用餐，他说："你知道吗？你简直快把我吓坏了，你出场前在后台究竟做什么呀？"他回答说："激励他人是我的工作，而且，我每天都在做。但在某些日子里，我实在打不起劲儿来，就像今天。我在后台只是‘做出’热情的样子，然后我就会变得热情有劲了。”

从这个例子中，我们可以学到很重要的一点：每天都充满了热情，不但自己受益，更可使周围的人和我们一样，过着积极而快乐的生活。

总之，无论我们经历过什么，从今天起，都要做个简单的人，踏实务实。不沉溺于幻想。不庸人自扰。要快乐，要开朗，要坚韧，要温暖，永远对生活充满希望，对于困境与磨难，微笑面对。

心理学启示

我们每个人的日常工作和生活也许很单调，那些琐碎的生活也让我们逐渐变得麻木、无趣，可生活就是这样，我们无力改变什么，因为生活仍在继续，这就需要我们积极去调剂，努力用热情去点燃属于我们生命的激情。

已经最糟糕了，还忧虑什么呢

曾经有这样一个故事：

在美国，有个刚毕业的年轻人，在一次州内的征兵选拔中，他因为体能好、表现优异被选中了，在外人看来，这是一件好事，但他看起来却并不高兴。

为了庆祝孙子被选上，他的爷爷从美国的另一个州来看他，看到孙子心情不好，便开导他说：“我的乖孙子，我知道你担心的是什么，其实真没什么可担心的，你到了陆战队，会遇到两个问题，要么是留在内勤部门；要么是分配到外勤部门。如果是内勤部门，那么，你就完全不用担忧了。”

年轻人接过爷爷的话说：“那要是我被分配到外勤部门呢？”

爷爷说：“同样，如果被分配到外勤部门，你也会遇到两个选择，要么是继续留在美国，要么是分配到国外的军事基地。如果你分配在美国本土，那没什么好担心的嘛。”

年轻人继续问：“那么，若是被分配到国外的基地呢？”

爷爷说：“那也还有两个选择，要么是被分配到崇尚和平的国家；要么是战火纷飞的地区。如果把你分配到和平友好的国家，那也是值得庆幸的好事呀。”年轻人又问：“爷爷，那要是我不幸被分配到动荡地区呢？”爷爷说：“你同样会有两个选择，要么是留在总部；要么是被派到前线去参加作战。如果你被分配到总部，那又有什么需要担心的呢！”年轻人问：“那么，若是我不幸被派往前线作战呢？”爷爷说：“同样，你还会遇到两个选择，一个是安全归来，另一个是不幸负伤。假设你能安然无恙地回来，你还担心什么呢？”年轻人问：“那倘若我受伤了呢？”爷爷说：“那也有两个选择，要么是轻伤，要么是身受重伤、危及生命。如果只是受了一点轻伤，而对生命构不成威胁的话，你又何必担心呢？”年轻人又问：“可万一要是身受重伤呢？”爷爷说：“即使身受重伤，也会有两种选择，要么是有活下来的机会，要么是完全无药可治了。如果尚能保全性命，还担心什么呢？”年轻人再问：“那要是完全救治无效呢？”爷爷听后哈哈大笑着说：“那你人都死了，还有什么可以担心的呢？”是啊，这是对人生的一种大彻大悟。有时候，我们对某件事很担心，但只要我们转念一想，最好的状况莫过于……以这样的心态面对，其实就没有什么可担心的了。

可能你会说，令我们担心的事实在太多了：要是考试考不过该怎么办？找不到工作怎么办？明天下雨怎么办……但如果你总是为这些事情担忧，那么，你势必会殚精竭虑了。其实大可不必，正如故事中这位爷爷告诉我们的一样，凡事大不了有两种选择，既然哪一种可能都不可能将我们打垮，你还有什么可以担心的呢？

那么，面对内心的担忧，我们该如何做呢？

1. 做好最坏的打算

谚语说：“能解决的事不必去担心，不能解决的事担心也没用。”就如故事中的这位爷爷所说：“人都死了，还有什么好担心的呢。”这样一想，你会发现，在最坏的情况面前，也没什么可忧虑的，那么，你也就能变得积极了。

2. 学会转换思维

比如，面对着半杯水，对于乐观旷达、心态积极的人而言，是："哈，真高兴我还有半杯水！"对那些悲观沮丧、患得患失的人而言，则是："唉，只有半杯水了，这该如何是好呀？"

因此，我们要始终记住，人生在世，很多事我们控制不了，但我们可以选择自己的心态，以乐观、积极的心态面对，那么不好的机会也会成为好机会。如果用消极颓废、悲观沮丧的心态去对待，那么，好机会也会被看成不好的机会。

心理学启示

的确，人生拥有无数机会，关键看你用什么态度去看待。能够综观每件事情、每个问题的正反两面或者更多面，你将发现内心深处的恐惧在所有状况明朗之后将会自行化为乌有。

第 07 章

色彩的暗示作用，了解有趣的色彩心理学知识

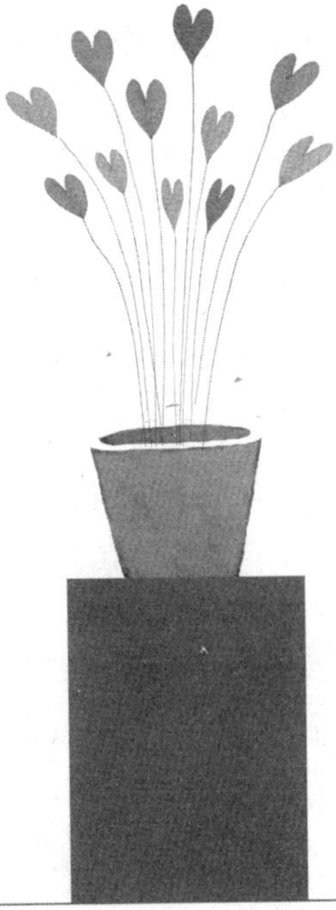

色彩具有神奇的魔力，帮我们制造好心情

从前，在英国有一座桥，人们发现去那里跳桥自杀的人很多，后来，科技人员建议把桥漆成绿色，由于色彩的心理作用，去那里自杀的人明显减少了。或许，你会觉得这个故事听起来很不可思议，但是，科学研究发现，色彩是视觉传达信息中的一个重要因素，因而，色彩能够表达一定的感情，而且，还能给我们带来不同的情绪、精神以及行动反应。比如，红色会比较醒目，当一个人心情比较烦闷的时候，看到红色，心情就会开朗起来；橙色，会让人感觉到温暖；黄色，有一种尖锐感和扩张感；绿色，能舒缓人的脑神经和视觉神经；蓝色，可以很好地稳定我们的情绪。所以，色彩对于我们的情绪有抑扬的作用，我们要借助色彩的魔力，在心中的调色盘中调出缤纷心情。

“色彩女人”于西蔓曾在央视《健康之路》节目中介绍了色彩在调节人们情绪时的神奇效果。于西蔓本身就是一个美丽而且十分干练的女人，短发，紫白条纹的上衣，蓝色的短裤，黑色的低腰靴子。在她的身上，似乎有阳光在跳跃，每一

次出现在人们眼前，她的整体服饰和装扮，总会给人明亮的和谐之感。这个懂色彩的女人，让自己的服饰告诉我们，明亮是一种心情，和谐是一种美，对于我们来说，色彩就像是一缕阳光，能为我们带来好心情。于西蔓说："色彩是人的视觉产生的感受，从色彩心理学的角度讲，环境色彩对人的心理的影响是巨大的，当你去体验一种感情、一种感觉的时候，最初传递给你的是视觉、听觉等感官印象。"她被誉为"中国色彩第一人"，致力于色彩研究，她将著名的"四季色彩理论"引进了中国，并针对中国人色特征进行了相应的改造。

谈到色彩对人身心健康的影响，一位医生这样说道："视觉对色彩的感知，会直接反映到大脑，引起神经变化，就会作用于心情。下面，我们就简单地介绍几种常见的颜色对我们情绪的影响：

1. 黑色

这是一个消极的颜色，它本身寂寞、神秘而又含蓄、严肃，黑色会给人的心理一种沉重感。当一个人情绪比较低落的时候，需要尽量避开黑色或灯光昏暗的场合。

2. 紫色

紫色给人一种积极、威严、尊重的感觉。这种颜色对人体的运动神经、淋巴系统和心脏都有作用，可以维持我们体内钾的平衡，使一个人能够从躁动的情绪中安静下来，并学会关心他人。

3. 蓝色

蓝色给人一种理智、广博、冷静的感觉，它有很强的稳定性。这种颜色可以调和人体的肌肉，影响我们的视觉、听觉、嗅觉，还可以减轻身体对疼痛的敏感作用。蓝色给人一种安全感，会令一个人的情绪平定下来。

4. 黄色

黄色是所有色彩中最亮的颜色，它给人一种快乐、活泼、希望的感觉，带来尖锐感和扩张感，刺激人体的神经系统和消化系统。不过，这种颜色偶尔也会给我们造成不稳定的情绪以及一些任意的行为。

5. 绿色

绿色给人一种和平、年轻、新鲜的感觉，可以促进我们身体的平衡，起到镇静的作用，另外，还可以舒缓我们疲劳的脑神经和视觉神经，令那些压抑的人心情得到改观。而且，它还对消极情绪有一定的克服作用。

6. 红色

红色给人一种生动、不安的感觉，它代表着一种力量和热情，这种颜色有利于我们的身心健康。如果你感到十分郁闷，若是看到了红色，心中的激情立即被唤醒了。不过，如果你较多地接触红色，就会使你产生一种焦虑。

心理学启示

我们每天都要接触色彩，如果想让色彩对我们的身心有帮助，就要选择适合自己的颜色。心理学家则认为，从一个人对服饰颜色的偏好上，往往可以推测其心理，而且，服饰色彩的合理运用可以有效地调节人的情绪，从而影响人们的身体健康。朋友工作了一年，虽然才刚刚大学毕业，但是在她身上完全没有年轻人的干劲，工作总是拖拖拉拉，以前的上司对她说："你是一个挺聪明的女孩，就是状态比较消极。"其实，她自己也想改变工作态度，但是，对于工作，她总是没有热情。一位心理医生向她建议："你需要加强自我约束能力，同时，改变一下自己的服饰色彩，调节一下心情。"其实，色彩对人的心理状态有着神奇的作用，它常常左右着我们的生活意向。

穿出你喜欢的色彩，妆点出你的好心情

法国时装设计师夏奈尔曾经说："当你穿着邋邋遢遢时，人们注意的是你的衣服；当你穿着无懈可击时，人们注意的是你。"在生活中，人们在判断你的时候，不光是看你的才华，还需要看你的衣着，这表明了着装的重要性。其实，服饰给我们带来的影响远不止这些，服饰搭配还可以调节心情，当你外

表赏心悦目的时候，难道心情还会糟糕吗？对于我们来说，生活的节奏时而快、时而慢，这需要我们自己去调节生活的节奏，才不至于让自己过得那么压抑和烦闷。好的心情当然来自于好的眼光，当你看到一个穿着邋遢、灰头土脸的人，相信你有再好的心情也笑不出来吧，相反，如果你看到镜子里面衣着得体，令人赏心悦目的自己，那么再坏的心情也会变好吧！

李非曾经说："我的美丽心情就是缘于自爱。"这让人不得不佩服这个标榜着自爱的女人，不管怎么看她都觉得有种别致的美丽，有人问她，你美丽的心得是什么？她骄傲地将美丽的心得公布开来：再忙再累也不要忘记关爱自己，女人懂得自爱很重要，就跟你的皮肤和脸蛋一样重要。对她来说，服饰是最重要的，因为她始终相信：改变服饰是调节心情的一种有效方式。

在任何场合，李非都特别注重服饰色调的选择，既得体大方、靓丽，又能凸显自己的美丽。她的助手曾这样说："哪怕之前的心情有多么糟糕，只要她换上了宴会的服饰，笑容比谁都灿烂。"虽然嫁了一个很能干的老公，但她并不安于在家做全职太太，而是驰骋于职场，做一名出色的职业女性。她也会感到累，和大多数女人一样，她也钟情逛街，选择美丽的服饰，让自己看起来赏心悦目，这样可以减轻工作上带来的压力，还能够使自己拥有一份美丽的好心情。

工作和感情上的事有时会让人们感到筋疲力尽，难以承受。但是，虽然我们无法改变现状，但我们可以改变心情。而改变心情可以从服饰的选择上开始，对于心中烦闷的我们来说，大可以选择简约时尚的设计款式，就像我们期望的完美生活一样，简单却又带着某种不平凡。一个“会说话”的服饰，用它那独有的方式默默地为我们分忧解难，给我们的生活带来一丝阳光。

有一种女生，一段感情结束的时候，她们都会把自己打扮得很漂亮，哪怕前一天还灰头土脸地为男朋友做饭。可是，在宣告感情结束的那一天，她们一定会挑选最漂亮的服饰，选择最精致的妆容，或许，是因为难过的心情需要被安慰吧，她们通过外表的靓丽来调节内心的情绪，使自己能尽快地从失恋中走出来。在生活中，也有不少这样的人：他们对生活失去了希望，所选择的服饰颜色总徘徊在黑色与灰色之间，以致他们整个人给人的感觉都是压抑与苦闷的。情绪是可以调整的，如果你感到愤怒或烦闷的时候，请改变你那亘古不变的服饰搭配吧，当你外表变得光鲜亮丽，心情自然会变得美丽起来。

心理学启示

有一个女孩总喜欢购买黑色衣服，无论是严寒的冬天，还是炎热的夏天，黑色都成为了她的不二选择。她心态比较消极，常常会抱怨：“哎，我工作怎么这样？”“看你们多好啊，工资那么高，我好可怜”“我比较自卑，总感觉自己样子很丑”……如果你不及时打断她的话，她还会无休止地抱怨下去。后来，她在心力疲惫之下走进了心理咨询室，心理医生这样建议她：“试着改变服饰的搭配，你将会有一个好心情。”她按照心理医生的建议，特别改变了服饰的颜色、款式，穿起来青春靓丽，时间长了，她变得自信了，更重要的是，心情也开朗了起来。

颜色混乱，你的时间可能也会因此混乱

不知道你注意没有，颜色是可以让我们的时间感发生混淆的。颜色具有不可思议的神奇魔力，这会给我们的感觉带来巨大的影响。在生活中，当我们身处红色的环境里，就会感觉时间过得很慢，而看着蓝色则感觉时间过得很快。很多公司职员都有一个烦恼，那就是长时间的会议。一旦会议超过了两小时，谁都会觉得厌烦。但是，开会又是一个公司必不可少的程序。

对此，心理学家建议，公司的会议室最好以蓝色为基调进行室内装潢，比如，使用蓝色系的窗帘、蓝色的椅子、蓝色的笔记本等，因为人们只要看到蓝色的东西，就会感觉时间过得很快。

心理学家请两个人做了一个实验，让其中一个人走进有

粉红色壁纸、深红色地毯的红色房间，让另外一个人走进有蓝色壁纸、蓝色地毯的蓝色房间。前提条件是，不给他们任何计时器，让他们凭感觉在一小时之后从房间里出来。最后，在过了50分钟的时候，那位在红色房间里的人走了出来，而在80分钟之后，在蓝色房间里的人还没有出来。从红色房间走出来的人说："红色的房间让人觉得不舒服，所以感觉时间特别漫长。"

相对于红色而言，蓝色有使人放松的作用。还是刚才那个例子，在会议室里使用大量的蓝色，在放松的环境中开会，人也更容易产生有创意的点子或者提出有建设性的意见。所以，使用蓝色装潢会议室，不但会让漫长的会议变得紧凑，而且会议内容也会变得更加充实，会议讨论也更加有效率。

举个十分简单的例子，在现下非常流行的休闲运动潜水中，我们是需要携带氧气瓶的。据了解，一个氧气瓶大约可以持续40~50分钟的供氧，不过，大多数潜水者将一个氧气瓶的氧气用光之后，却感觉在水下只下潜了20分钟左右。这是什么原因呢?

这其实也是色彩的魔力，海洋里的各色鱼类和漂亮珊瑚可以吸引潜水者的注意力，因此他们会感觉时间过得很快，这是次要原因。最为关键的是，说到底，海底世界就是一个蓝色的世界。正是蓝色麻痹了潜水者对时间的感觉，这使得他感觉到的时间比实际时间短。

这样的感觉我们在生活中经常会遇到，灯光照明就是其中的一个例子。一般情况下，在青白色的荧光灯下，我们会觉得时间过得很快，但是，一旦我们的头上是温暖的白炽灯，那就会感觉时间过得特别慢。

所以，假如只是单纯地出于工作的需要，最好是在荧光灯下面进行。而白炽灯会让我们感觉时间很漫长，容易产生烦躁情绪。

心理学启示

通常情况下，快餐店给我们的印象一般是座位比较多，效率很高，顾客吃完就走，不会停留太长的时间。甚至，有的人习惯跟朋友在快餐店碰面，其实，在这样一个环境中是不适合等人的。

你可以注意一下，快餐店的装潢主要是橘黄色或红色为主，这两种颜色固然可以让人感觉心情很愉悦，而且有增进食欲的作用。不过，这也会让人感觉时间很漫长，假如在这样的环境中等人，那我们的心情就会越来越烦躁。

那什么地方比较适合等人、约会呢？心理学家告诉我们，是那些色调偏冷的咖啡馆，这里不仅仅是颜色起的作用，而且，在咖啡馆等人，那香味也会有使人放松的效果，在这样的环境中等待朋友或恋人，相信等再久也不会有烦躁的情绪吧。

原来色彩也有轻重之说

颜色也是有厚重感的，也就是说有轻重之分。不过，在这里我们千万不能误解，因为颜色本身是没有重量的，只是在生活中，有些颜色会让人感觉这个物体很重，有的颜色却使人感觉这个物体很轻。比如，在我们面前放着同样重量的白色箱子与黄色箱子，你感觉哪个更重一点呢？许多人都会回答说黄色箱子。事实上，这两个箱子重量是一样的，这就是颜色给人们带来的心理厚重感。我们以此类推，与黄色箱子相比，蓝色箱子看上去更重，与蓝色箱子相比，黑色箱子看上去更重。

大家知道包装纸箱是浅褐色的，因为这是利用再生纸制造而成的，因此这个颜色保持了纸浆的原色，包装纸箱可以说是废物回收再利用，据了解，大部分的包装纸箱都会得到回收再利用。

不过，大多数包装纸箱都选择浅褐色的原因并不仅仅因为回收再利用，还和色彩心理有着紧密的关系。就是在最近一段时间，我们发现，那些包装纸箱新增添了白色，也就是说除了浅褐色之外，还有白色的包装纸箱。一些大型的物流公司开始把自己的包装纸箱统一为白色，这是为什么呢？原因是，虽然之前纸浆的原色，也就是浅褐色让人感觉包装纸箱很轻，但相比较白色，自然是白色更轻。这样一来，假如使用白色纸箱包装货物，即便箱里的重量是一样的，但可以从心理上减轻搬运工人的负担，而且，白色看起来干净整洁多了。于是，根据色彩心理学，我们又开发出新的粉色包装纸箱，这样一来，即便上面弄了污渍也看不出来，而且给人的感觉也很轻便。

那么，不同的颜色使人感觉到的重量差到底有多大呢？对此，有人通过实验对颜色与重量感进行了研究。结果表示，与白色的箱子相比，黑色的箱子看上去要重1.8倍。此外，即便是相同的颜色，因色彩明亮程度的不同，也会给我们的心理带来轻重不一的感觉，也就是说，明度低的颜色比明度高的颜色感觉重。比如，红色物体比粉红色物体看上去更重。而色彩的明艳度也会带来影响，彩度低的颜色比彩度高的颜色感觉更重，比如，都是红色系，但栗色要比大红色感觉厚重一些。

保险柜自从被发明出来，就大多是黑色的。不论是公司的大型保险柜，还是我们在电视剧里看到的巨型保险柜都是如此。即便是在生活中，我们也经常看到财会人员所保管的保险柜是墨绿色的，这是什么原因呢？

保险柜的作用是保管一些价值高昂的东西，当然，它最大的作用就是防止被盗。因此，保险柜都设计为无法轻易破坏的构造，而且还一定要尽可能地给它增加重量，使之没办法轻易挪动，这样才能达到防盗的目的。

但是，为保险柜增加物理上的重量毕竟是有限度的，如果保险柜重量达到极点，连保险柜主人都没办法搬走，那这个保险柜又丧失了其本身的作用。于是，借用色彩心理的魔力，便给保险柜涂上了让人心理上感觉沉重的颜色，使人感觉没办法搬走。由于白色和黑色在心理上可以产生接近两倍的重量差，因此，人们在保险柜颜色上会选择黑色，这可以大大增加保险柜的心理重量，从而防止被盗。

其实，在生活中我们经常可以发现色彩与重量的关系，比如室内装修。懂得室内装潢的人都知道天花板需要使用明快的颜色，然后从墙面再到地板采用逐渐加深的颜色，这可以制造出一种稳定感，可以让人感觉到安全和放心。

心理学启示

当我们在冬天穿着西装的时候，会感觉比其他季节重。其实，之所以有这样的感觉，除了穿得比较多之外，还因为冬天西装的颜色比较深，而颜色较深的衣服会让我们感觉到厚重。在这里，厚重是一种主观的感觉，因此我们会随着周围环境以及自身状态的不同而产生差异。比如，一天下班回家，尽管我们挎着与早晨一样的包，但却感觉十分沉重，这就是工作了一天后感觉很累的原因。假如早上上班就感觉自己的包很重，除了我们没有休息好之外，还可能是包的颜色不对。因此，为了让自己感觉更轻松，我们可以换颜色浅一些、鲜艳一些的皮包，比如白色的包包。

什么是冷暖色调

颜色有让人心理上感觉暖与冷之分。暖色，也就是我们常见的红色、橙色、粉色，这会让我们想到太阳等感觉到温暖的事物。与暖色相对的是冷色，也就是我们常见的蓝色、绿色、蓝绿色等，这些颜色可以让我们想到水等这样让人感觉到寒冷的事物。

在炎热的夏季，电风扇可以为我们带来一阵阵凉意。不管是家里、饭店，还是公司，我们都可以看到许多电风扇，不过，你是否留意过它的颜色呢？通常情况下，电风扇都是白色、黑色或灰色等冷色调，很少会有红色的电风扇。自然，假如你一定要购买红色电风扇，或许花一些工夫是可以买到的，不过，那些想着购买红色电风扇的人也并不是为了凉快，估计更多的是为了装饰。实际上，不论电风扇是什么颜色，它的功能就是吹出凉风。假如这个电风扇是红色的，那就是暖色调，这会从心理上让人感觉很温暖，因此当我们看到红色电风扇的时候，就会感觉它吹出来的风都是热风。因此，在夏天，使用白色、黑色或灰色等冷色的电风扇让人感觉舒服些。

其实，在暖色与冷色给人的感觉上，色彩明度的影响也十分巨大。比如，明度高的颜色会使人感觉寒冷或凉快，明度低的颜色会使人感觉到温暖。在颜色之中，相对于深蓝色而言，浅蓝色看上去更凉爽；与粉红色相比，红色看上去更温暖。

由于颜色有冷暖色调之分，假如我们可以熟练地掌握暖色与冷色的使用方法，就可以很好地通过改变色彩来调节人的心理温度，减少家里空调的使用次数，这样就可以达到节约能源、保护环境的目的。

对此，色彩心理学家建议：在炎热的夏天，使用白色或浅蓝色的窗帘，会让人感觉到家里比较凉快。假如再用上冷色的室内装潢，那就可以达到更好的效果。到了冬天，我们可以将窗帘换成暖色，桌布、沙发套都换成暖色调的，这样就可以让室内感觉到温暖。事实上，在冬天使用暖色调更有效果，因为暖色制造暖意比冷色制造凉意效果更加显著。所以，那些害怕寒冷的人最好是将自己的房间装修成暖色。心理学家通过实验表明，暖色与冷色可以使人对房间的心理温度相差2℃~3℃。

其实，冷色与暖色在心理上的感觉是因人而异的，这个差异是由不同的成长环境和个人经验造成的。举个简单的例子，那些在寒冷地方长大的人，他们看到冷色就会想到白色的雪，因此他们看到冷色就会感觉到更冷，而那些在热带地区成长的人，看到冷色就不会联想到白雪皑皑的冬天，这是因为他们基本上没有体验过寒冷冬天的感觉。在热带地区，即使是[illegible]温热的，所以，当我们想要了解一个人对冷色[illegible]那我们应该首先了解其成长环境。

心理学启示

在生活中，有些餐厅和工厂的装修为冷色调，结果到了冬天就会接到客人或员工的抱怨，而室内装潢颜色被改为暖色之后，这样的抱怨就慢慢减少了。这样看来，色彩的确可以起到调节温度的作用，尽管这只是人的心理温度，不过至少可以让人感觉到舒适。

安抚情绪、改善睡眠的色调是蓝色

你相信吗？颜色也可以催人入眠。当我们心情烦躁的时候，假如能在视线范围之类看到蓝色，那我们自然可以让原本烦躁的心情平静下来，从而渐渐地进入睡眠状态。在众多颜色中，蓝色具有催眠的作用，蓝色可以降低血压，消除内心的紧张感，从而起到镇定的作用。因此，色彩心理学家提出建议：经常失眠或睡眠质量不好的朋友多看看蓝色。比如在卧室里增加蓝色可以促进睡眠，但蓝色太多也难以达到预期的效果，到了冬天，整个屋子的蓝色会让我们感觉很冷，因为蓝色本身是冷色调。而且，太多的蓝色会引起人内心深处的孤独感。所以，当我们进行室内装潢的时候，建议卧室装修以淡蓝色为主，搭配米色和白色，这样的色彩搭配可以自然而然地消除内心的紧张感，从而达到快速催人入眠的目的。

为什么宾馆的被子大多是白色和淡蓝色？

许多出差在外的人想必有经常住宾馆的经历，一提到宾馆，我们所能想到的就是白色的被子，或者是淡蓝色的被子。白色的被子不仅看起来干净整洁，而且还有良好的催眠作用。虽然，在市场上也有其他颜色的被子，不过最多也就是淡蓝色、白色、米色等颜色很浅的被子。

为什么会出现这样的情况呢？

实际上这个道理很简单，想象一下，假如我们盖着深色的被子睡觉，那血压就会不断上升，还会导致精神紧张，这样一来，怎么能睡得着呢？所以，根据色彩心理学，当我们在选择被子的时候，应该避免选择那些令人清醒的颜色，而是选择一些有着催眠效果的颜色较浅的被子，比如淡蓝色、米色、白色，等等，这样可以帮助疲惫了一天的我们更快速地进入睡眠状态。

另外，当我们在选择被子的时候，切忌选择太过于花哨的被子，也就是说，被子上最好不要有太多的图案和花纹，最好是单色。或许，有人对于这样的说法感到不理解，睡觉时都是关上灯闭着眼睛，那被子的颜色能有什么影响呢？实际上并不是这样，即便是肌肤，对色彩也一样有感觉，这与我们用眼睛看是一样的效果，因此，即便是闭着眼睛睡觉，我们的心理以及睡眠状态还是会受到被子色彩的影响。

其实，除了蓝色以外，绿色系中也有部分颜色具备催眠的作用。不过，绿色与蓝色的作用是不同的，蓝色可以帮助一个人的身体得到放松，而绿色则会让人从心理上得到放松，从而达到催人入眠的效果。尽管说，绿色作为暖色调，这会给人清醒的感觉。不过，淡淡的绿色跟蓝色是一样的，也具备催眠的作用。比如，我们所看到的白炽灯、间接照明等发出的温暖的米黄色的灯光都会让我们感觉到安心，从而带来催眠的作用。

色彩心理学家认为，照明的颜色与睡眠有着紧密的关系。他们认为，照明的颜色会对人体内一种叫做“褪黑素”的荷尔蒙的分泌产生影响，或许你不知道，褪黑素就是促使人自然入睡的荷尔蒙。不仅仅是这样，它还具有改善人体的机能、提高免疫力和抵抗力的功能。人体中的这种荷尔蒙通常是在晚上分泌，而青白色的荧光灯有着抑制褪黑素分泌的作用。

所以，在卧室里，我们最好是安装白炽灯或者其他可以发出温暖灯光的灯具，诸如黄色、米黄色。相反，那些为高考奋战的孩子，假如他们在晚上挑灯夜读，那最好是在荧光灯下面学习或工作，这样才不容易疲惫。

因为色彩心理学的关系，最近日本出现了一种“早晨专用”的罐装咖啡，咖啡罐子的外包装是红色的。这样红色包装的咖啡可以说是提神的良品。一方面，咖啡中的咖啡因可以刺激大脑，增强大脑的活力；另一方面，高彩度的红色包装具有增强紧张感的作用。所以说，因为颜色带来的心理作用，使得这种咖啡有双重提神的效果。

心理学启示

在生活中，当我们头脑不清醒的时候，假如可以看到色彩度较高的红色，那就可以马上清醒过来。红色其实就是所谓的使人清醒的颜色，它可以增强人的紧张感，促使其血压升高。当然，假如你想快速进入睡眠状态，那就需要多看看蓝色的物体。

第08章

识人察人，深刻的洞察力助你辨析人心

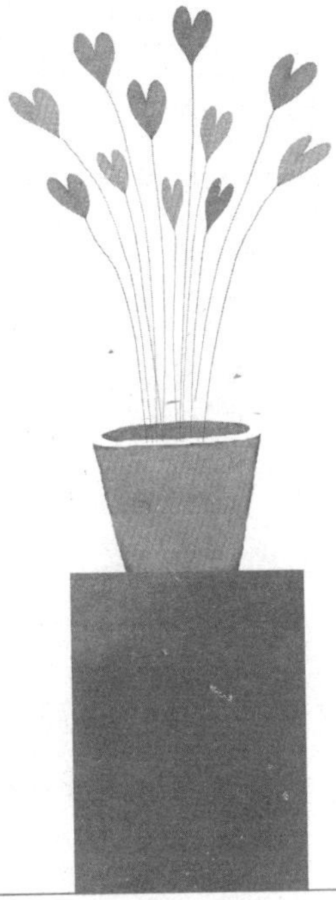

悉心观察，洞悉人心

我们都知道，冷读策略是一种使用会话、心理策略建立信任关系的技巧，那些读懂他人内心的人不过是比其他人更为细腻一点、观察力更强一点而已。归结起来，掌握冷读策略，需要锻炼自己的观察力。

一天，保健器材推销员陈路敲开了一位准客户的门，开门的是个老太太。站在门外，推销员就看到了挂在墙上的照片。进门后，推销员便以此为话题与客户谈起来。

“阿姨，这墙上的照片是您儿子吧？看上去真英俊，一定是个知识分子。”

“这的确是我儿子，他现在在××大学当教授。他是个很爱读书的人，从小就爱学习，现在每天的大部分时间也是读书，平时都在学校，只有周末才回来……”

……

一谈到儿子，这位老太太似乎有聊不完的话题。就这样，这位推销员和顾客关于教育孩子的一些话题谈了很长时间。过了一会儿，推销员说：

“阿姨，您看，和您聊了这么久，我居然忘了今天来这儿的目的了，不知道您还记不记得，上周六在中山公园，您填了一张健康卡？”

“对呀。”“您真是很幸运，几百人中抽中了您，所以您将免费获得一张价值100元的健康检测卡，您好像在卡片上填了您有高血压，我们的仪器主要是检测心脑血管情况的。常检查，做好预防，不但可以省去很多治疗费用，更可以给您的儿子省去很多担心。您要是有时间的话，这几天就去我们公司看看，检测一下您的身体状况，您看怎么样？”

“嗯，你说得对，我一定要注意健康啊，不然我儿子在外面工作也不放心啊，我周末就去。”

这名推销员是聪明机智的，他的观察力也是惊人的。作为父母，最关心的莫过于子女，于是，他便从挂在墙上的照片入手，通过夸赞客户的儿子，来拉近和对方之间的距离，从而打开对方的话匣子，再顺其自然地过渡到销售上，成功销售也就水到渠成了。如果一开始推销员就“开门见山”，大谈购买产品的好处，估计他销售的过程也不会如此顺利。

那么，具体来说，我们应该从哪些方面来洞悉他人的内心世界呢？

1. 语言

语言是性格的最好体现，我们在不到三分钟的彼此交流中，大致就能看出一个人的性格：那些侃侃而谈的人属于性格外向型；那些措辞谨慎的人一般做事小心；那些喜欢谈论生活点滴的人性格稳定；那些说话颐指气使的人可能习惯支配下属；那些说话音调高的人，往往性格浮躁、任性……

我们与人交流的时候，如果细心体会他人的语言，就能够或多或少地剖析出对方的心理。一个人说话的口气、语调足以彰显出其内心的情态：淡淡的短言少语意味着不耐烦；好似退让的冷语暗示着一种责备与生气；只有听到近似可笑的话语时，那才是亲切……

可见，语言确实需要我们耐心地去思考，也就是人们常说的察言观色中的“察言”。“察言”是指通过对方的言谈了解其性格、品质、情绪及内心世界，从而摸透对方的心思。善于“察言”的确是社交的一种技能，但这并不是说思考研究语言就是为了“察言”，更重要的是怎样通过语言来把控人心，从而拉近心理距离，达到沟通的目的。

2. 体态语言

生活中，那些善于交际的人在语言上总是能做到“滴水不漏”。但在体态语言上做到不露痕迹却是不可能的。因为当人的大脑有某种打算时，其思维活动会支配身体的各个部位发出各种细微信号，这是人们不能完全控制，也是难以充分意识到的。如果一个人撒谎，可能经验尚浅的你在语言上根本看不出有什么不对劲，但如果懂得“读心”，从其体态语言上辨别，就容易多了。其体态信号有：脸色变化、动作不自然、肌肉紧张、眼神不自然等。因为在可以控制的有声语言与难以控制的体态语言之间，有意识控制的部分体态与难以意识到的部分体态之间，有意控制的短暂时间与难以控制的较长时间之间，必然会出现某种矛盾、差别，显得不协调、不自然。这就是体态语言的心理表现不可改变的原因。

心理学启示

总之，应该把冷读术当成一门必学的功课，在与人交往的时候，懂得识破对方的心理密码，也就多了一个成功的砝码。

冷读是一种心理策略，帮你读懂对方

我们要想让对方接受我们的想法和意见，从而影响他人，就必须先探清对方的内心世界。但事实上，人们出于自我保护的目的，内心世界往往是隐蔽的，甚至会戴着面具与我们交往。我们要想探求对方的真心从而攻破对方的心理堡垒，可以使用一点冷读策略。我们先来看下面的故事：

第二次世界大战期间，法国谍报机关抓获了一个自称是农民的人。为了弄清楚他的身份，谍报机关派出一名军官对其进行审问。

这位军官是聪明的，可能出于职业敏感，他总觉得这个

"农民"就是德国间谍，但一时又找不到证据，为此，他准备采取一些特殊方式激怒这个"农民"。

审讯开始时，军官首先让"农民"数数。"农民"用法语流利地数着，没有露出丝毫的破绽。过了一会儿，这名军官派人在屋外当场击毙了一个德国间谍，并用德语大声喊："他罪有应得。"面对这种情况，如果"农民"听得懂德语，那么，他必定会愤怒，因为他的同党已经被杀害了。果然如这位军官所料，"农民"的鼻孔外翻了，尽管他控制住了自己的情绪。

这个"农民"的表情出卖了自己。

的确，人心是无法从肤浅的表面了解的，但我们可以采取主动措施，正如上面案例中的这位军官一样，激怒那个"农民"，"农民"的鼻孔会外翻，那么，就能证明他的猜想是正确的。

生活中，这样的情况很多，当你以正面的、积极的方式去探究一个人的内心世界时，对方隐藏得很深，甚至还会使对方提高警惕性，而如果我们能采取一点冷读策略，让对方在不经意间表露出自己的情绪，那么，我们就很容易达到目的。再比如，法官判案时，经常会采用这样的一种问话方式：当嫌疑人陈述了某些情况后，他会时不时地打断嫌疑人："你要注意，你所说的每一句话都将成为呈堂证供，都会产生法律效应。"而嫌疑人每每听到这句话时，就会显得不知所措，甚至紧张慌乱，在最终的心理"折磨"下，他只好供认事实。其实，法官运用的就是冷读策略，混淆了对方的视听，从而使其说出心底的声音和最真实的想法。

我们再来看看生活中聪明的店长是怎样做的：

有一位小姐似乎看中了某商店橱窗内的一款新式皮鞋。但她只是站在柜台前反反复复地看，询问完以后，又去看其他款式。但在看其他款式的时候，并没有询问。销售小姐被她这样的举动搞得晕头转向，而这一切，都被店长看到了。她对销售员说："小王啊，你去把橱窗那双新款皮鞋包起来，刚才陈小姐打来电话，说要买下这最后一双了。"这位小姐一听，赶紧说："这双鞋是我先看中的，我要买下它！"当然，最后的结果是，这位小姐坚定地买下了这双皮鞋。

心理学启示

这位聪明的店长就是采用故意激将的方法，让这位客户认为：店长既然这么说，那这肯定是店里的最后一双鞋了。我很喜欢这双鞋，不买就要被人抢走了。这位客户承认了自己的这一心理，自然就会购买了。

神色举止，彰显对方的真实想法

中国有句俗语："人心隔肚皮。"人与人交往的时候，更是在处处设防，担心上当受骗。特别是一些圆滑世故的人，喜怒不形于色，我们单从语言上很难看出这类人的内心活动。所以若非通过观察对方的神色举止，是无法轻易地判断出来的。我们先来看看下面的案例：

一天晚上，从事销售行业的丈夫很晚才回来。进门后，看见妻子还是一如既往地在等他，他就向妻子解释因为有许多事要和客户交谈，所以才耽误了时间，并保证下次一定尽早赶回家，陪妻子吃饭，希望妻子原谅他。但他说话时却下意识地用手摸了摸嘴唇，而且尽量避免与妻子的目光相对。善良的妻子也没有多想，为“疲惫”的丈夫准备好宵夜后，就睡觉去了。

事实上，我们很明白，丈夫撒了谎，因为他的动作已经出卖了他，他一连串的动作都是为了掩饰什么。遗憾的是，这位善良的妻子还是被他的理由蒙骗了。当然，日常生活中，我们千万不能和故事中的这位妻子一样“善解人意”，要学会眼观六路、耳听八方，更要练就一双“火眼金睛”，一眼就能洞察他人的内心世界。

我们再来看看下面这一销售场景：

客户：“价格真的太贵了！我看我还是不买了。”为其介绍产品的是销售员小李，小李听到客户这样说，并没有放弃推销，因为她发现了一个很小的细节：客户看到这款化妆品时，突然睁大了眼睛，便不再看其他款了。

于是，她尝试着问：“小姐，那您认为贵了多少钱呢？”

客户：“至少贵了500元吧？”

小李：“小姐，您认为这套化妆品能用多久呢？”

客户：“这个嘛，我比较省，怎么也要用半年吧。”

小李：“如果用原来牌子的化妆品，要用多久呢？”

客户：“原来两三个月要买一套吧，因为效果不太明显。”

小李：“这样吧，您看原来那个牌子的化妆品是200元一套，可以用两三个月，我们按照三个月计算，您半年需要花400元，但是小姐，实不相瞒，我们的化妆品如果您省着用，至少可以用一年，这是所有客户得出的共同经验，由于它富含的营养成分比较多，所以每次只要用一点，就能达到理想的效果了。”

客户：“真的是这样的吗？”

小李：“这是我的客户一致的反馈。这个周末您有时间吗？我已经约了所有客户举行一个联谊会，希望您也能参加。”

客户：“这样啊，好，我相信其他女孩子的眼力……”

在上面的案例中，化妆品推销员处理客户异议的方法很值得我们学习。她之所以能判定出客户的反对意见“我看我还是不买了”并非真实的想法，是因为她观察到客户的眼神变化：客户看到这款化妆品时，突然睁大了眼睛，便不再看其他款了。这是一种心有所属的表现。

可见，聪明的人不会只听交往对象的语言，还会观其神色举止，因为言语可以装假，而神色举止的真实性却高得多。

那么，具体来说，我们应该如何通过观察他人的神色举止来洞察他人的内心呢？

1. 神色

（1）当对方眼神四散、游离不定时，这说明对方已经对你的谈话没有兴趣了。此时，明智的做法应该是停止你的言论或者再寻找一个新的、能让对方感兴趣的话题。

（2）当对方的眼神上扬时，便说明你的话让对方感到不以为然。此时，即使你能寻找到更多充分的论据来证明自己的言论，也很难让对方信服，你还不如戛然而止。

（3）当对方面带微笑、神色恬静时，这表明对方对你的表现很满意。此时，你不妨继续说几句对方爱听的话。如果你有求于他，那么，此时开口的成功概率比较大。

当对方有以下神色时，表明他是乐于并专注于倾听你说的话：

（1）嘴角向后拉起，或是嘴呈半开状态。

（2）随着讲话的内容，表现出各种表情（因为他正听得入迷）。

（3）眼睛眯起来，或者眨都不眨。

（4）随着讲话人的动作或指示而转移他的视线。

2. 举止

举止，指的就是身体语言。什么是身体语言呢？身体语言，简称体语，指非词语性的身体符号。包括目光与面部表情、身体运动与触摸、姿势与外貌、身体间的空间距离等。

以下是一些与人交往过程中的常识性身体语言，需要我们掌握：

（1）付账：右手拇指、食指和中指在空中捏在一起或在另一只手上做出写字的样子，这是在餐厅表示要付账的手势。

（2）愤怒、急躁：两手臂在身体两侧张开，双手握拳，怒目而视。也常常头一扬，嘴里咂咂有声，同时还可能眨眨眼睛或者眼珠向上和向一侧转动，也表示愤怒、厌烦、急躁。

（3）很骄傲、不可一世：用食指往上推鼻子。

（4）赞同：向上翘起拇指。

（5）“讲的不是真话”：讲话时，无意识地将一食指放在鼻子下面或鼻子边。

（6）“别作声”：嘴唇合拢，将食指贴着嘴唇。

（7）“害羞”：双臂伸直，向下交叉，两掌反握，同时脸转向一侧。

（8）威胁：由于生气，挥动一只拳头。因受挫折而双手握着拳使劲摇动。

（9）绝对不同意：掌心向外，两只手臂在胸前交叉，然后再张开至相距1米左右。

（10）因为事情失败而颓废：两臂在腰部交叉，然后向下，向身体两侧伸出。

心理学启示

当然，观察人的神色举止只是读懂人心的一个小小的部分，需要我们掌握和了解的还有很多，但最重要的是要懂得观察，于细微处看出一个人的心理动态，这样，即使面对那些经验丰富的人，也能先观其心而采取具体的应对策略。

各种姿态，是对方心理的外显

我们的周围，似乎总是有这样一些人，他们懂得识人察人，他们总是交际圈中的红人，他们办起事来似乎总是容易得多。可能你会认为读心术很神秘，其实不然，只要我们善于抓住别人内心世界的某些外在表征，以这个为切入点，自然就能看透一个人，比如，各种姿态，这些经常被人们忽视的细节也能反映出一个人的心理。

我们要学会“窥一斑而知全豹”“一滴水看见海洋”。学会看透别人，能帮助我们看透别人的行为动机，把思想和注意力引向正确的方向，排除眼前的交际诱惑，看清眼前的形势，从而妥善制定自己的交际策略。

崔晓燕有着周围人羡慕的职业——心理医生，但正是因为识人无数，才让她左挑右选到了30岁还没有恋爱对象。在朋友一次次的催促下，已经成为“剩女”的她不得不加入相亲的行列。

那天，在母亲和一群朋友的把关下，崔晓燕决定在一家高档酒吧开始她人生的第一次相亲。崔晓燕深知第一印象的重要性，于是，在一番精心打扮之后，她来到了酒吧。当她出现酒吧门口的时候，远远看见一个人跟她打招呼，此人第一印象不错！为了尽显自己的窈窕身姿，展现自己的迷人风采，崔晓燕开始改变自己的走路方式，慢慢地，迈开小碎步，缓缓地向酒吧大厅走去……

可是，走近那个男士一看，他双臂交叉抱于胸前，熟知心理学知识的崔晓燕明白，这是一种防御性的姿势，是一种心理上的防护，也表示对眼前人的排斥。“难道他排斥我？”果不其然，从与这个男士的交谈中，崔晓燕发现了他对自己的不满：“你已经30了？长得那么漂亮为什么不结婚呢？”……一连串的问题令崔晓燕心生反感，她真后悔没有及时离开酒吧。

人的性格、情绪、人品都溢于言表，一个人的内心世界也不可能没有外泄的部分，一个人在坐立行时表现出来的姿态就是很好的表露，只要我们善于发现，然后加以分析，即使“伪装”得再好的人，也会有破绽的。

我们应该如何从一个人的各种姿态看出他的心理呢？

1. 行姿

（1）走路抬头挺胸者，多心高气傲。这类人走路的时候，总是大步向前，给人一种心高气傲的感觉；的确，这类人很自信，有力量，但他们致命的弱点就是缺乏耐性和毅力，经常信誓旦旦地要做一件事，但一遇到什么困难，就很容易退缩。

（2）走路时叉腰者，多做事果断。这类人性子急，做事节奏快，他们总是希望在最短的时间内完成最多的事，因此，他们的做事效率较高；另外，他们极具爆发力，也很具有领导力。

（3）走路蹦蹦跳跳者，其心情多溢于言表。他们总是有一颗童心，无论遇到什么事，都乐观向上；他们不会掩藏自己的情绪。一般来说，这类人较好相处。

（4）走路不紧不慢、优哉游哉者，多无上进心。任何事情都不能让他们加快步伐，他们总是不慌不忙，对于现状也总是很满足。

2. 坐姿

（1）正襟危坐、表情严肃者，多为完美主义者，他们做事严谨、力求面面俱到。

（2）坐着的时候，身体蜷缩、双手夹在大腿间，多为小心翼翼且自卑者，大多属于服从型性格。

（3）侧身而坐的人，多以自我为中心，不在乎周围人的眼光。因此，他们觉得，坐着的时候，只要自己感觉舒服就行，没必要给他人留下什么好印象。

（4）敞开手脚而坐的人，他们霸气十足，喜欢周围的人和事。但这类人性格外向、不拘小节，因此常得罪人。

3. 立姿

（1）在排除身体疾病的情况下，一个人在站立的时候，如果弯腰勾背，那么，则表示此人性格趋向封闭型，对待陌生人一般都是封闭的，自我防备心较重。

（2）站立时喜欢双手插兜者，心思多缜密，性格通常谨小慎微，凡事三思而后行，但他们也具备灵活性不够、耐挫能力差等缺点。

心理学启示

以上只是一些较为常见的坐立行姿和人的内心世界的关系，当然，每个人有不同的行为习惯，呈现多样性特征，并不能以偏概全，但只要我们细心观察，就能探测他人的内心世界，然后拨开交际中的迷雾，适时地制订自己的交际规划！

不同笔迹，是不同个性心理的表现

提到笔迹与心理，可能人们都会想，这二者怎么可能有关系呢？但实际上，对于它们，我国乃至欧洲早有学者研究过，这就是为什么生活中人们常说“字如其人”。可见，一个人的个性心理与其字迹是有一定关系的。

的确，笔迹作为人们传达思想感情、进行思维沟通的一种手段，像其他人体语言一样，是人体信息的载体，是大脑潜意识的自然流露。我们的确可以从一份笔迹上猜测出书写者的性格特点、心理等，而且成功的概率可以达到60%～70%；这一点，已经成为很多用人单位招聘员工的一个潜在考察点。

李芳经人引荐，去一家待遇较好的时尚杂志面试。为此，她精心修饰了一番：白衬衣、粉红短套装裙。她打扮得很漂亮，出门前家人都认为她这份工作肯定能够轻松获得。

但中午的时候，李芳回家了，只见她一副沮丧相，家里人问是怎么回事，原来问题最终出在了李芳的笔试上——她的字太潦草。

事情是这样的：

李芳应聘的是杂志文字编辑一职，她和其他几位应聘者一样，都带上了自己的文稿，但这几篇文稿文笔相当，面试官不好决策，就咨询主编。巧的是，这位主编是个典型的“老古董”，习惯了古老的考试方式，并且，他认为，一个人的字写得怎么样，很大程度上体现了他的知识素养，于是，他针对时尚界的一些问题，出了一些题目，让这些应聘者现场给出答案。结果，这位主编对李芳试卷的评价是：字迹潦草，观点模糊。

后来，这位主编留下了一位字体漂亮，但资历尚浅的年轻人。这让很多同来的面试者不服气，但他们也只能和李芳一样，自叹没有练好字。

这里，我们并不完全赞同这位主编选用人才的方式，但事实告诉我们：很多时候，人们会根据对方的字体来判断对方的知识水平和文化素养，尽管人们已经普遍使用办公设备工作。例如，在美国，已经有三百多家公司在聘用人才时，接受笔迹学家的意见，他们认为，通过笔迹，可以看出应聘者在求职时的心理状态，并且利用这一点还能做到人尽其才，按照每个人的不同性格安排工作，更能发挥他们的专业才能。

当然，在社交生活中，我们分析他人的笔迹，更多的是考察对方的个性心理，这也是冷读术的一个范畴。

关于笔迹学，美国著名的心理疗法专家威廉·希契科克研究了二十多年，并藏有四万份笔迹档案，从中他得出了一些具体的结论：

一个人的性格、心理状态和逻辑思维能力等很多方面都在笔迹上有所体现，具体来说，我们可以从这些方面来看：

（1）根据笔迹是否均匀来看，一个人的笔迹若不均匀，那么则表现出他可能脾气暴躁、嫉妒心强，一个人笔迹轻重均匀适中，则表现出书写者是个性格平稳、成熟稳重的人，交代他的事，他一般都会努力完成。下笔很重者，则有可能是内心敏感的人。

（2）根据字体大小来看，字体写得过小则是观察力强或精打细算的人；字迹过于紧凑则具有吝啬和善于盘算的性格；字体写得过大则是举止随便、过于自信和做事比较草率的人。

（3）根据字体的形状来看，字写得有棱有角的人，一般都是个性鲜明、立场坚定的人；反过来，字体圆滑者，多半也和他的性格一样，为人随和、老练，善于笼络人心。

（4）从字体的结构来看，字体方正的人，一般都做事严谨、记忆力强、仔细认真；而反过来，字体方圆，在大小、长短等方面有变化的人，则多半适应能力强、善于与人打交道。

（5）从字体是否有变化来看，在笔迹上总是追求更新颖的人，多半也是勇敢的、爱冒险的人；而在字行间起伏不平的书写者则富于外交手段，善于发现别人的弱点；书写时越写越往上者是个乐观主义者，而越写越往下者则是个悲观主义者。

心理学启示

总之，通过以上论述，我们发现，不同性格的人在书写的时候，在字体的大小、形状、字的模仿性等方面都完全不同。了解了这些，能帮助我们看透他人的内心活动，从而帮助我们决定怎样与人交往。

根据不同心理，给出不同的策略

我们知道，人与人之间交往，都有一个从相识到相知的过程，而在这个过程中，相互之间的印象多半需要我们维护。在社交生活中，那些受人欢迎的人，很多时候，似乎并不是那些“善言者”，而是那些“贴心者”，他们总是能看出对方的心思，然后配合对方，从而博取对方的好感。

小叶已经到了结婚的年纪，但一直没有找到合适的对象。为此，她只好接受家里人的安排——相亲。几次相亲后，小叶如愿以偿，顺利步入了婚姻的殿堂。婚后，她的丈夫问她：“我不明白的是，为什么当初你选择了我，而没有选择那些有钱人呢？”小叶的回答是：“因为你与众不同，你是唯一在我说话的时候，用柔和的眼神注视我的人，而他们要么眼神游离，要么表情僵硬……”

从小叶的话中，我们可以发现，当他人说话时，用柔和的眼神来表达内心的关注，更容易拉近彼此的心理距离，也更利于沟通。

因此，与人交往，维护关系，你最好学会从潜意识给对方留下好印象的技巧。重点并不是在你说话的时候，而是在听对方说话的时候。听人说话、学会察言观色，有时候，也能帮助我们听出一些话外音。

小张大学毕业后，来到一家外企面试，面试他的人事部经理说话很客气。半个小时后，面试结束了，他握着小张的手，对小张说：“请回吧，我们研究一下，会告诉你消息的，再见。”

小张当时心里很没底，知道自己该去另外一家公司面试了，而不能对此抱有太大希望。因为他已经预料到了这次面试的结果：因为在谈话时，经理的右手总是撑在脸上，中指封在嘴上，食指伸直指向右眼角，左臂又横在胸前，目光很少注视自己。这种体态就表示：我对你讲的不感兴趣，你不是我们所需要的人。

小张因为懂得通过身体语言看穿经理的心思，从而预料出了自己的面试结果，没有浪费过多的时间，也让双方免除了尴尬。

可见，在与人交往的时候，懂得识破对方的心理密码，也就多了一个成功的砝码。另外，在维护人际关系上，我们还应该配合对方：

1. 通过表达关注

神情是心情的镜子。我们在与人交流的时候，可以通过神情来传达内心对对方的关注。因为每个人在与人沟通的时候，都希望自己的观点被人重视，都希望被人倾听。

（1）通过表情表达关注。我们在与人交流的时候，要向对方传达正面的信息：微笑注视对方，是融洽的会意；皱眉注视他人，是担忧和同情。如果你想和别人建立良好的默契，应用60%～70%的时间注视对方，注视的部位是两眼和嘴之间的三角区域，这样，传递的信息会被正确而有效地理解。

（2）通过视线表达关注。人类从外界得来的信息，有70%来自眼睛。眼睛也最有表现力，达芬奇曾说：“眼睛是心灵的窗户。”在人际交往中，目光交流不仅可以相互交换信息、传达彼此的看法，更重要的是能相互建立起信任、理解。不同的目光，反映了不同的心理，产生了不同的心理效果。

听别人讲话时，点头却不将视线集中在谈话者身上，表示对对方和话题不感兴趣。说话时，将视线集中在对方的眼部和面部，是真诚的倾听、尊重和理解。因此，如果你希望给对方留下较深的印象，你凝视他就要久一些。

2. 倾听至上

你若想给对方留下一个好印象，就要学会“讨好”对方，而这莫过于学会倾听。这其中需要一定的技巧，比如，当对方说话时，肯定会有几秒钟的停顿时间，此时，就是你迎合对方的最好时刻，你不需要称“是”，而只需要简单地点点头。也就是说，并非针对说话的内容点头，而是配合对方呼吸的节奏，深深地、慢慢地点头。

当你与对方交流时，无论你手中的工作多么重要，都要停下来，倾听对方说话，这是尊重对方的前提。相反，则是怠慢、冷淡、心不在焉的表现。

心理学启示

总之，如果你想在交往中维护好人际关系，那就要以期待的目光，注视对方的讲话，不卑不亢，略带微笑和注视对方，这是常用的温和而有效的方式。

掩饰心理：凡事别自欺欺人

一个人身上有缺点或犯了错误并不可耻，敢于面对，才是君子的行为。

人总想时时刻刻把自己好的一面展现给别人，从而想尽办法掩饰自己不好的一面。特别是当错误出现时，这种掩饰的心理更为强烈。他们总要为自己找千般理由，作为掩饰的借口，使自己堂而皇之地脱身。在他们眼里，理由就是用来掩饰过错的。人们经常说，解释就是掩饰，作为解释的依据，理由也就免不了为虎作伥的嫌疑。凡是犯了错，理由总是众多的，主观的、客观的、偶然的、必然的乃至不可抗的。但理由终究也只是理由，于事无补是它最大的特性。纵有万般理由结局也不会改变，能做的无非是掩饰真相，欺骗众人以博取同情。可谁又会为这过错埋单，到头来还是编织了千百条理由的自己，不过是在这过错的账单上再加上一笔理由的支出。更甚者，也就是为自己的下一个过错预先铺设借口。

掩饰总是需要理由给自己垫背，殊不知，掩饰其实是一个连环套，最后被套住的往往是想掩饰的那个人自己。当掩饰自己过错的人是那些手握重权的大官时，这种掩饰心理表露得越强，祸害也就越大。

三国时期，在官渡之战的前夕，田丰对袁绍说：“曹操善于用兵，通晓变化，他的兵马虽少，但不可轻视。不如采取持久战的办法。您占据险要的地势，又有众多的兵马，可以外结英雄，内修农事，然后以精锐为奇兵，不断骚扰曹操。他救右则击其左，救左则击其右，让他疲于奔命，民不安业，不出两年就可以打败他。现在您不采取长胜之策，与曹操决胜败于一战，万一不如意，后悔就晚了。”袁绍不但不听，反而认为田丰是在涣散军心，把他囚禁了起来。

后来，官渡之战中袁绍果然大败而归，有人对田丰说：“先生真有远见。袁绍一定会对您加以重用。”田丰说：“袁绍心胸狭窄，他如果取胜，我还能活；现在他打了败仗，证实了我对他错，我恐怕活不成了。”果然，袁绍回来后，对左右说：“我不听田丰的话，现在要受他的耻笑了。”便将田丰杀害。

当一个人犯了错误的时候，就会不自觉地想掩饰错误，不想因为一点点小错而毁坏自己的形象。也很有可能因为这种心理，而一错再错，最终伤害自己。

有一只猫，对于自己的过失总是百般掩饰。老鼠逃掉了，它说：“我看它太瘦，等以后养肥了再说。”到河边捉鱼，被鲤鱼的尾巴打了一下，它说：“我不是想捉它，捉它还不容易？我就是要利用它的尾巴来洗洗脸。”

后来，它掉进河里，同伴们打算救它，它说：“你认为我遇到危险了吗？不，我在游泳……”话没说完，它就沉没了。“走吧，”同伴们说，“它又在表演潜水了。”

这只猫终于因为自己的一再掩饰而断送了性命，现实生活中得到这种结果的人不多，但和猫一样，有着相似掩饰过程的人，肯定大有人在。他们在掩饰心理下自欺欺人，生活在虚无之中。

还有一部分人，他们为了保持自己最好的形象，总是想掩盖自己的缺陷。如身高太矮、长相稍丑等。这是一种正常的心理需求，但如果这种需求太过强盛，以致影响自己的正常生活和人际交往，就不可取了。

很多人在犯了错误或是发现了自身的缺点后，在心里不愿意承认或无法接受，就会想尽千方百计来掩饰这种过错。他们不愿意让人知道自己的窘迫和尴尬处境，于是便制造出一些谎言来欺骗别人，其实更主要的是欺骗自己。然而，你是否意识到，自己并没有因为谎言的得逞而好过，反而还要为了掩饰这个谎言再去编造另外一个谎言，一连串的掩饰不仅没有让我们轻松，反而感到身心俱疲。

心理学启示

一个人身上有缺点或犯了错误并不可耻，敢于面对，才是君子的行为；百般掩饰，逃避责任，很可能就会落得与小人为伍。掩饰只会给自己的心理带来更大的负担，除此之外，没有其他益处。

登门槛效应：得寸然后进尺，达成你的目的

社会心理学家弗里德曼在20世纪60年代曾做过一个著名的实验。实验的第一步是让几名大学生志愿者先到居民楼里通知各家各户的家庭主妇，希望她们能够支持“安全委员会”的工作，并要求她们在一份呼吁安全驾驶的请愿书上签名。

实验的第一步很成功，开门的家庭妇女们几乎全部同意了这个小小的要求。两周后，由原先的几名大学生实验者重新找到这些主妇，问能否在她们的前院立一块不太美观的大告示牌，上面写着“谨慎驾驶”四个大字。

实验结果表明，起先在请愿书上签过名的人，大部分同意了这个请求，同意人数的比例在55%以上。而那些没有签过名的主妇，只有不足17%的人接受了这个请求。

这个实验验证的就是社会心理学的登门槛效应。登门槛效应，又被称为得寸进尺效应，是指当一个人先接受了一个小小的要求后，为保持其形象的一致性，他就极有可能接受更高一层次的要求。这就犹如人们登门槛时一样，只有登进了门槛，才更有可能进到屋子里。

一个人接受一个小的要求后，往往更容易接受一个更大的要求，从心理学的角度来解释这一心理现象，就是人们为了维持自己在别人心目中形象的一致。这就好比那些同意在请愿书上签字的家庭主妇们，既然签了字，那就等于向志愿者表明自

己是一个有着较高素养、懂得“安全驾驶”重要性、有觉悟的人。因此，当志愿者“得寸进尺”地提出更高一层的“树立牌子”的要求时，她们显然不好意思拒绝。如果拒绝，不但让对方失望，更重要的是，自己在对方心目中已经树立起来的“好形象”就会被推翻。因此，她们大部分接受了志愿者的请求。

登门槛效应运用在销售上，也同样发挥着作用，推销员经常使用这种技巧来说服顾客购买他的商品。聪明的推销员从不直接向顾客推销自己的商品，而是提出一个人们更容易、更乐意接受的小要求，从而一步步地达成自己的销售目的。

其实，对于推销员来讲，最难的并不是推销商品，因为他们对自己的商品早已了如指掌，对相关的知识也早已滚瓜烂熟，对于他们来说，最难的是如何开始推销自己的商品。作为一名销售人员，如果你能顺利地进入客户的家里或是顺利地让顾客走进你的店铺，那你就已经成功了一半，接下来生意是否成功就是你的销售技巧问题了。

李丹在一家服装公司做销售有一段时间了，而且业绩一直很不错，连着两年销售量遥遥领先，公司领导非常器重她。同事们都称李丹眼尖，什么样的顾客买衣服，什么样的顾客不买衣服，李丹一眼就能看出来。对此，李丹总是笑而不语。

每当同事们追着李丹“取经”的时候，李丹总是笑着说：“每个人销售的方式不一样，关键是要找到适合自己的方式。”

其实，李丹做销售还真没什么特别之处，只是她懂得把握顾客的心理，只要顾客对标签的价钱皱起眉头时，她总是说：“您先试下衣服，穿在身上感受一下，然后再做决定。”

李丹一边说着，一边帮客户挑选衣服的颜色、款式。顾客把衣服穿上后，李丹总是不忘真诚地褒扬一番，并周到地为其服务。在这种情况下再劝其买下时，很多顾客往往是“骑虎难下”，只能买下衣服。

时间一久李丹发现，那些答应试衣服的顾客总是比那些不同意试衣服的顾客更容易埋单。于是，李丹每次在劝说顾客买衣服前，她总是先劝说顾客试试看。

李丹的成功，正是因为她掌握了心理学上的登门槛效应。相对于买衣服的要求，顾客总是更容易答应试衣服的要求。

心理学启示

一下子向别人提出一个较大的要求，人们总是很难接受，而如果逐步提出要求，并不断缩小与较大要求的差距，人们则比较容易接受。这是因为人们都希望给别人留下前后一致的好印象，而不是希望别人把自己看作前后不一、变幻莫测的人。于是“登门槛效应”发挥了作用。因此，懂得“登门槛效应”是非常必要，也是非常有效的。

第 09 章

人际交往，掌握心理策略让你魅力倍升

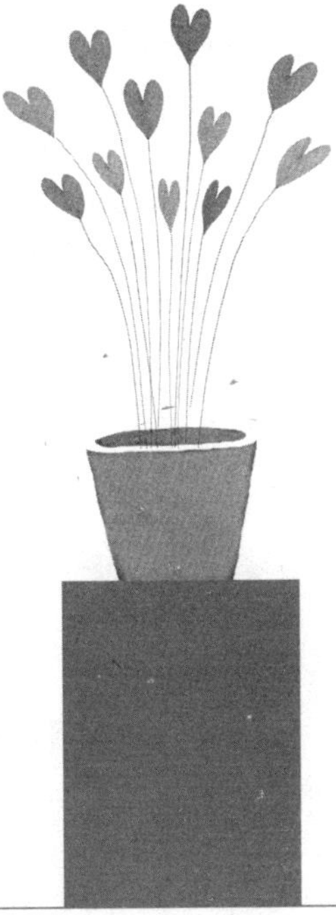

亲和效应：成为对方的“自己人”

人都喜欢待在熟悉的环境里，和熟悉的、和善的朋友交流。这不仅让我们觉得安全，而且这种氛围更具感染力。很多时候，我们经常说起某个人天生有人缘儿，即使在一个陌生的环境，只要一开口，马上就会调动起周围人的情绪，受到大家的喜爱。而有的人，即使心怀善意、满脸堆笑，但也很难快速融入一个新的环境中，顺利地和其中的人交流。心理学家认为，人缘好的人，他们在有意或无意中利用了心理学上的“亲和效应”，其中关键点是：挖掘共同点，成为自己人。

在交际应酬中，人们往往会因为彼此间存在着某种共同之处或近似之处，从而感到相互之间更加容易接近。而这种相互接近，通常又会使交往对象之间萌生亲切感，并且更加相互接近，相互体谅。交往对象由接近而亲密、由亲密而进一步接近的这种相互作用，就是所谓的“亲和效应”。

心理学上通常用“自己人”来形容这种亲和关系。在现实生活里，人们往往更喜欢把那些与自己志向相投、利益一致，或者同属于某一团体、组织的人，视为“自己人”。因为是

“自己人”，所以会感到相互之间更加容易接近。而这种相互接近，则通常又会使交往对象之间萌生亲切感，并且更加相互接近，相互体谅。

在心理定式作用下，“自己人”之间的相互交往与认知必然在其深度、广度、动机、效果上，都会超过“非自己人”之间的交往与认知。建立这种“自己人”关系的首要一点，就是找出自己与周围人的共同之处，它可以是血缘、姻缘、地缘、学缘、业缘关系，可以是志向、兴趣、爱好、利益，也可以是彼此共处于同一团体或同一组织。

俗话说，自己人好办事。这充分说明建立亲和关系的积极作用。在我们与他人的交往过程中，可以多谈谈“咱们自己”的事儿，自然就会形成一个个亲密关系联盟。至于不是“自己人”的，最好也要尽量往“自己人”的方向靠。人类本来就是一个大家庭，若有心寻找共同点，总会有所发现的。

美国作家赛珍珠在第二次世界大战期间，曾发表过对中国人民的广播演讲，这篇演讲深深地打动了中国人的心。在演讲中她是这么说的：“我今天说话不完全站在一个美国人的立场，因为我也是一个中国人。我一生的大半时间，都在中国度过。我出生3个月，就被父母带到了中国。我开口说话的时候，又是先说的中国话。我小时候跟着父母，并没有住过什么通商大埠。数十年间，我们到过浙江、江苏、江西、湖南、安徽、山东各省的小城市、小村庄，清浦、镇江、丹阳、岳州、蚌埠、徐州、南州……这些地方，是我最熟识的。可是我最爱的，是中国的农田乡村。我长大后，又在南京住了17年。我曾亲眼看见南京在几年之内，由一个古旧的城市变成一个新型的都市。但是无论我住在什么地方，我与中国人相处，都亲如同胞。因为小的时候，我的游伴是中国孩子；成人以后，来往的又是中国的朋友们。现在我人虽已归故国，心中却没有忘掉旧日的朋友。所以今天我要以这两种身份说话。我既在中国长大成人，又在美国住了多年，受了双方的教育，有了双方的经验，我觉得我是属于两个国家的。”

赛珍珠一再提及中国人熟悉的地名，强调自己与中国人关系密切，对于听众而言，这些熟悉的地方风土人情和自己的种种经历立刻历历在目，而一个陌生的外国演讲者此时似乎也成了曾经同行的旅伴，国籍的界线模糊了，一种亲切感油然而生。

如果是面对面的交谈，还有一种“曝隐私”的小技巧，对增强我们的亲和力也很有效果。

一般而言，在交谈中，人们往往担心自己真实情感的暴露，并试图隐瞒自己的隐私，以防对方对自己产生不好的感觉。但现在为什么反行其道呢？原来这种说话技巧的奥妙在于它克服了人们认生的心理。初次见面，一个高明的谈话者会满不在乎地闲聊这样的话：“我儿子上课老搞小动作，对那孩子我可真是操了不少的心呀！”或者“昨天我家先生不小心把烟头掉在了自己的外衣上，结果烧了一个大窟窿。”……听者怎么也想不到对自己很陌生的人会说这么多的贴心话，对自己这么亲近，于是很感动，在不知不觉中便安下心来融洽地闲聊了。

自曝隐私的做法可以让人迅速放下自己的戒备心理，引导对方也敞开心扉，轻而易举地与他人构建起亲密的关系。能够表现自己亲和力的人，很容易在社交中获得别人的好感，结识更多的朋友。

在现实生活中，人们往往更喜欢把那些与自己志向相同、利益一致，或者同属于某一团体、组织的人，视为“自己人”。在其他条件大体相同的情况下，所谓“自己人”之间的交往效果往往会更为明显，其相互之间的影响通常也会更大。

心理学启示

在人际交往和认知过程中，往往存在一种倾向，即对于自己较为亲近的对象，会更加乐于接近。“物以类聚，人以群分”，每个人的社交圈，实际上都是以自己为原点，以年龄、爱好、经历、知识层次等共同点为半径构成的无数同心圆。共同点越多，圆与圆之间重叠的面积越大。共同的语言也越多，也越容易引起对方的共鸣。因此，在与他人交流时，一定要留意共同点，并不断把共同点扩大化，对方谈起来才会兴致勃勃，谈话才会深入持久。

邻里效应：制造熟悉和亲密感

人的心理有时很奇怪，害怕他人发现自己内心深处的情感，又想被别人接受和理解。因此，人在下意识里，都喜欢和那些看似与自己亲近的人交往。

中国人有句老话："远亲不如近邻，近邻不如对门儿。"这说明居住距离越近的人，交往次数越多，关系越亲密。在社会心理学领域，这就叫做"邻里效应"。

1950年，美国有三位社会心理学家对麻省理工学院17栋住宅楼中的已婚学生进行了调查。这是些二层楼房，每层有5个单元住房。住户住到哪一个单元，纯属偶然。哪个单元的老住户搬走了，新住户就搬进去，因此具有随机性。调查时，所有住户的主人都被问道：在这个居住区中，和你经常打交道的、最亲近的邻居是谁？统计结果表明，居住距离越近的人，交往次数越多，关系越亲密。在同一层楼中，和紧隔壁的邻居交往的概率是41%，和隔一户的邻居交往的概率是22%，和隔三户的邻居交往的概率只有10%。多隔几户，实际距离增加不了多少，但是亲密程度却有很大不同。

拥有丰富的人际关系是每一个现代人的需要。可是，现实生活中，很多人的这种需要都没有得到满足。"邻里效应"反映的实质是：你如果想拥有更多的朋友，你就应该首先和他们亲近。

一位心理学家在讲述"邻里效应"时引用了这样一个故事：

“怎么了，鲍勃？”他妈妈问，“你为什么那么不高兴？”

“没人跟我玩。”鲍勃说，“我真希望我们还是住在盐湖城没有搬来。我在那儿有朋友。”

“在这儿，你很快会交上朋友的。”他妈妈说，“等着瞧吧！”

就在这时，响起了轻轻的敲门声。米勒太太打开门。门口站着一位红发妇女。

“你好，”她说，“我是凯里太太，住在隔壁。”

“进来吧，”米勒太太说，“我和鲍勃都很高兴你来。”

“我来借两个鸡蛋，”凯里太太说，“我想烤个蛋糕。”

“我可以借给你，”米勒太太说，“别着急，请坐一坐，我们喝点咖啡，说会儿话吧。”

那天下午，又有人敲门，米勒太太打开门。门外站着一个满头红发的男孩。

“我叫汤姆·凯里。”他说，“我妈妈送你们这个蛋糕，还有两个鸡蛋。”

“哎呀，谢谢，汤姆。”米勒太太说，“进来吧，和鲍勃认识一下。”

汤姆和鲍勃差不多的年龄，不一会儿，他们吃起了蛋糕，喝着牛奶。鲍勃问：“你能待在这儿跟我玩吗？”

汤姆说：“可以，我能待一个小时。”

“那么，我们打球吧。”鲍勃说，“我的狗也想跟着一起玩。”

汤姆发现跟小狗一起玩很有意思，他自己没有狗。

“我很高兴你住在隔壁。”鲍勃说，“现在有人跟我玩了。”

“妈妈说我们很快会成为好朋友的。”汤姆回答说。

鲍勃说：“我很高兴你妈妈需要两个鸡蛋。”

汤姆笑了。“她并不是真的需要鸡蛋，”汤姆说，“她只是想跟你妈妈交朋友！”

人与人之间的交往需要技巧，在每个人的心底，其实都存有一个友善的想法：多结交一些朋友。很多人之所以缺少朋友，仅仅是因为他们在人际交往中总是采取消极的、被动的退缩方式，总是期待友谊和爱情从天而降。他们被“邻里效应”所束缚，很难与更多陌生的与自己有一定距离的人成为朋友。

有一位心理学家曾经做过一个十分有趣的研究，他把学生们的名字按字母顺序排列起来，然后再按这个顺序安排教室座位和宿舍房间。6个月后，要求学生说出3个最亲近伙伴的名字。他竟然发现，学生的朋友都是在名字字母顺序上和自己相近的人，确切的数据是平均相差4.5个字母。

心理学启示

然而在现代社会紧张繁忙的生活中，人与人之间的关系日趋冷漠，人们同住一层楼，却对面不相识的现象并不少见。

“邻里效应”的影响在不知不觉中弱化。在社交活动中，很多人都存有一种保护心理。心理学家分析，人们在互动过程中，总是不由自主地力图以最小的代价换取最大的报酬。和邻近者交往，比和距离远的人交往所付出的代价小。这主要是了解对方容易，只花相对小的功夫，就能获得关于对方的某些信息，容易预测对方的行为。能够预测对方的行为，就可以在和他交往时产生一种安全感。甚至有些人总抱有这样的消极想法：“如果你对我好，我肯定给予热情的回报；如果你不理会我的存在，我也不会主动靠近你。”这些人，只做交往的响应者，不做交往的始动者。

卢维斯效应：谦虚让你获得更多支持

人的心理往往都很复杂，有的人习惯骄狂，有的人自感卑贱。他们都不能很好地把握自己的心理，以致给自己的人生之路制造了更多的困难。而那些保有谦虚心态的人，到头来会得到更多的收获。

心理学家说，谦虚并不是虚假傲慢而妄自尊大，也不是自我贬低而卑躬屈膝。而是把握好自己的心理，以平和的态度对待事情。

美国的富兰克林是颇具谦虚美德的著名政治家，他真正认识谦虚的重要性还有一段不寻常的经历：

一次，富兰克林去拜访一位前辈，进门时，被低矮的门框狠狠地撞了一下，头部被撞得又红又肿。这时候，来迎接的前辈告诉他说："很疼吧？但这将成为你今天拜访我的最大收获。要想平安无事地活在世上，就必须时时记得低头。这也是我要教你的事情，不要忘了。"

从此，富兰克林牢牢记住并时刻体味这番话，并把低调和谦虚列为自己最重要的生活方式之一，无怪乎会获得"美国之父"的赞誉。

一位心理学家在课堂上讲过这样一个寓言，以此告诫学生们保持谦虚心态的重要：

鹰王和鹰后从遥远的地方飞到远离人类的森林。它们打算在密林深处定居下来，于是就挑选了一棵又高又大、枝繁叶茂的橡树，在最高的一根树枝上开始筑巢，准备夏天在这儿孵养后代。

鼹鼠听到这个消息，大着胆子向鹰王提出警告："这棵橡树可不是安全的住所，它的根几乎烂光了，随时都有倒掉的危险，你们最好不要在这儿筑巢。"

这真是咄咄怪事！老鹰还需要鼹鼠来提醒？你们这些躲在洞里的家伙，难道能否认老鹰的眼睛是锐利的吗？鼹鼠是什么东西，竟然胆敢跑出来干涉鸟大王的事情？

鹰王根本听不进鼹鼠的劝告，立刻动手筑巢，并且当天就把家搬了进去。不久，鹰后孵出了一窝可爱的小家伙。

一天早晨，正当太阳升起来的时候，外出打猎的鹰王带着丰盛的早餐飞回家来。然而，那棵橡树已经倒了，它的鹰后和它的子女都已经摔死了。

看见眼前的情景，鹰王悲痛不已，它放声大哭道："我多么不幸啊！我把最好的忠告当成了耳边风，所以，命运就对我给予这样严厉的惩罚。我从来不曾料到，一只鼹鼠的警告竟会是这样准确，真是怪事！真是怪事！""轻视从下面来的忠告是愚蠢的，"谦恭的鼹鼠答道，"你想一想，我就在地底下打洞，和树根十分接近，树根是好是坏，有谁还会比我知道得更清楚呢？"

谦虚是一个人气度的表现。王朔的《我看金庸》一文是对金庸小说进行猛烈攻击的第一篇文章，但金庸对此没有拍案而起，也没有竭力争辩，更没有反唇相讥，他只是心平气和地说："王朔先生的批评，或许要求得太多了些，是我能力所做不到的，限于才力，那是无可奈何的了。我与王朔先生从未见过面，将来如到北京待一段时间，希望能通过朋友介绍而和他相识。"

不指责对方的言过其实，反承认自己才华有限，且向对方伸出热情之手，希望与对方交朋友。在这里，金庸不仅做到了以诚待人，也做到了以礼待人。金庸此番话犹如播种分币却收获了大额钞票——王朔闻听此言大受感动，坦言："比起金庸来，的确让我惭愧。"

金庸对王朔的指责所做出的反应，很多旁观者都认为太软弱了些。他们认为，金庸先生可以选择的方式很多，他可以提笔应战，以自己的博大精深，反衬王朔痞子式的浅薄；也可以置若罔闻，表示“我和你不是一个水平线上的人”。但是金庸却认认真真地回应了，尊重对手，按规则办事，也许看起来不够犀利爽快，但也表现了他谦虚开明的大家风范。

王阳明曾说，人生大病，只是一“傲”字。如果你失去谦虚的心，就意味着你患上了危险的病症。谦虚就是接受有关我们自己的事实，在我们对自己的看法中求得平衡。美国心理学家卢维斯说，谦虚不是把自己想得很糟，而是完全不想自己。我们要以公平的态度，真诚地对待每个人。在工作和生活中，保持谦虚的态度，不但有利于提升我们的能力，也可以与别人建立良好的人际关系。

心理学启示

卢维斯在分析谦虚心理时，指出了在生活中的几点应用。第一，做人首先要谦虚。如果把自己想得太好，就很容易将别人想得很糟；第二，谦虚要有度，所以也不要把自己想得很糟；第三，要处理和把握好谦虚的尺度，对自己不懂的或懂得不够的要谦虚学习；对工作职责中本应该由自己完成的，要尽自己的才能去完成，不能因过分谦虚而失去显示自己才华的机会。

投射作用：别用自己的眼光看待他人

投射作用是指个人把自己的思想、态度、愿望、情绪或特性等，不自觉地反应于外界事物或他人的一种心理作用。这是一种人类行为的深层动力，个体本身并不能意识到。

生活中投射作用主要表现在两个方面，一种是人们往往会凭借自身的主观想法去推及外界的事实，不自觉地把自己的心理特征归属到他人身上，认为他人也具有与自己相同的特征。

不少人都听过这个故事：

一对在一起生活了几十年的夫妇，只要哪顿饭有鱼，妻子都会把鱼头夹到丈夫的碗里。有一次，丈夫实在受不了了，说："我不知道为什么每次吃鱼的时候你都把鱼头给我。这么多年了，我一直想告诉你，我不爱吃鱼头。"妻子愣住了，原来丈夫并不爱吃鱼头，只因为自己爱吃鱼头，所以她也由己推人，以为丈夫也必定爱吃，因此，这么多年来，她始终把自己最爱吃的鱼头夹到丈夫的饭碗里。

显然是这位妻子把自己的心理特征归属到了丈夫身上，认为自己喜欢的丈夫必定也喜欢，自己讨厌的丈夫必定也讨厌，以致使关于"爱吃鱼头"的误会持续了几十年。

投射作用的另外一种表现是诿过于人。不少人得不到自己追求的某一种东西时，心理会有一些不安或不平，为了冲淡这种感觉，他们往往会为自己找一个言之成理的"理由"。这时，就会贬低对方，认为并非自己追求不力、条件不够，而是因为那些事物并“不值得”自己太卖力，以此安慰自己失落的内心。

武则天做了皇帝后，曾任命杨再思担任宰相。一天杨再思在坐着轿子入朝的路上，碰见一辆载重牛车在吃力地行进。因为刚刚下过雨，道路泥泞难行，筋疲力尽的牛再也拉不动车了。赶车人便用鞭子打牛，嘴里还不停地骂：“那些宰相们，调和不了阴阳，让路这么难走，让我们吃尽苦头。”杨再思听后，下轿走到赶车人跟前说：“是你的牛力气不够大，不应怪宰相。”

车子之所以被搁浅，是因为自己的牛没有力气，赶车人却并不去责备牛，反而抱怨当朝宰相不能调和阴阳，这就是投射作用中的诿过效应。这是人们常用的一种心理防卫术，通过它，人们会原谅和宽恕自己的错误行为，从而使愧疚的内心得到解脱。但是如果总是以己度人，或者总是把自身的过错归咎于他人，那就势必会妨碍我们正确地认识自己和外界了，也就会影响我们发展与外界之间的关系。

另外，我们还可以利用投射效应，根据一个人对他人的看法来推测这个人的真正意图或他的心理特征。

心理学启示

我们也要学会客观地审视人和事。客观看待人和事是一种很高的智慧，我们至少要学会分清自己和他人，做到严以律己，宽以待人，尽量避免以自己的标准去衡量他人。投射作用是任何人都会遇到的，只要客观地评价自己及他人，培养良好的交往品质和习惯，不断消除认知偏差，自然就能正确地“识人”，能够平衡自己的交际，然后放心地与其交往。

认同赞美，迅速获得好感

生活中，或许很多人都有这样一种习惯，对于别人提出的方式、方法或是大大小小的解决方案，还没有弄懂人家的真实想法，就胡乱批评与指责，甚至人身攻击式地全面否定。很明显，这些人是被“人际关系良好者”之列排除在外的，甚至招人厌恶，因为人人都有渴望被肯定、被赞美的心理。否定他人，无疑是否定自己，因为不得人心的人际关系就是失败的。反过来，我们可以得出一个结论：认同赞美对方才是应酬的捷径。下面，我们来看看赞美他人的效果：

罗斯福总统因为下肢瘫痪而不能坐普通的小汽车，为此，克莱斯勒公司为他定制了一辆特别的汽车。

这天，工程师和工作人员将这辆汽车送到白宫。总统看完汽车以后，很惊叹地说：“太不可思议了，只需按按钮，车子就能跑起来，真是太奇妙了！”

当时，罗斯福总统的一些朋友也来欣赏汽车了，他们也说："太感谢你们了，你们花费时间和精力研制了这辆车，这是件了不起的事！"

接下来，总统看汽车的车灯、散热器等，对于他看到的每一个细节，他都给予了赞美。

这些具体的赞美，让人感到了他的真心和诚意。

生活中，因为说话不给人留情面、总喜欢否定别人而给自己造成窘境的例子，随处可见。其实，仔细想想，有时候，你的观点也并非全部正确，甚至完全是不符合事实的。即使你的观点正确，那又如何？因为你对他人的否定，让你失去了一个朋友。其实，如果你能选择让步，那么，或许会收到双赢的效果。况且，让步并不是懦弱的表现，是暂时地退一步，为的是更进一尺。同时，听取别人的意见，反而会使自己受益无穷。

那么，应酬中，我们应该如何认同赞美他人呢？

1. 转换说话角度，多肯定别人

"良言一句胜过三春冬暖"，有时候，一句体贴的话，会即刻拉近彼此间的心理距离。站在对方的立场说话，这是强化心理感受、获得心理认同感的重要方面。

在心理学中，有个著名的"保龄球效应"：有两个保龄球教练，他们分别训练自己的队员。经过一番训练后，他们的队员都是一球打倒了7只瓶。教练甲对自己的队员说："非常好，7只是个好成绩。"他的队员听到教练夸奖了自己，备受鼓舞。于是，他们决定，一定要将剩下的3只也打倒。

而教练乙则对他的队员说：“一群没用的蠢材，居然还有3只没打倒。”队员一听，心想，我们已经很努力了，你咋就看不见我们已经打倒了7只呢。

结果，教练甲训练的队员成绩不断上升，教练乙训练的队员成绩却一次不如一次。

从这个现象中，我们总结出一个道理，面对同样的情况，如果我们能反过来考虑问题，并转换一个角度说话，那么，对于听者，必定产生不同的心理效应。很简单，因为没有人希望自己被贬低，每一个人都希望自己得到他人的肯定和赞赏。

2. 多理解别人，体贴别人

盲目地否定别人的意见，许多时候只是因为对别人的排斥。如果能够理解别人、体贴别人，那么就会少一分盲目。

为此，我们要善于发现别人见解的独到性。只有这样，才能多角度地看问题，那么，你就会发现固定在某一个立场上。因此，无论何时都要注意，听到不同的观点切忌怒不可遏。

3. 发脾气前要先考虑后果

我们每每作出一种论断，尤其是针对别人的时候，最好想想，自己作出的这种论断有助于解决问题吗？是火上浇油还是雪上加霜呢？我们能否不总是批评别人，而是多提些建设性意见呢？

4. 说话不可太绝，要留有余地

说话不留余地，就会把人逼上绝路。因为凡事总有意外，留有余地，就是为了容纳这些意外，以免自己日后下不了台。

心理学启示

当然，认同他人并不是毫无原则的，一味地逢迎，反倒会引起别人的反感。因此，我们要把握好说话的分寸，管住自己的嘴巴，知道什么该说，什么不该说，该说的时候说得恰到好处，你的话才不会惹恼他人，你才会拥有良好的人际关系！

结识新朋友，不忘老朋友

每个人都面临着无数的机会，但机会绝不会给那些不思进取的人，只有努力去争取，我们才能抓住机会。同时，机会的多少和我们的交际能力以及我们的人脉圈大小是成正比的，交际圈越大，我们的机会才可能越多。

而欲建立和扩大人脉圈，必须结交朋友。但是结交朋友时也需要我们找准平衡点，这个平衡点就是在不断结识新朋友的情况下，不要冷落和忽视我们的老朋友。

因为只要是我们的朋友，对我们来说都是弥足珍贵的，不要顾此失彼。只有这样我们的人脉圈才能稳固和牢靠。

我们不仅要真诚地对待自己的每一位朋友，还要时刻努力去多结交新朋友。只有这样积极地去编织自己的人脉网络，才会为自己的成功之路增添更多助力。

与此同时，我们也要重视自己的老朋友，这样才能平衡自己的人际关系。

当年刘备还在读私塾的时候经常尽自己所能帮助同学，后来因为学期已满，大家就各奔东西了，那个年代联系也不方便，于是很多同学都找不到了。

但是，刘备对于还能联系到的同学都非常关注，只要能联系上，他就会时常送去自己的问候，因而，他的私塾中的朋友一直和他保持着良好的关系。

这当中有一个叫石全的人，是刘备读书时最好的朋友。石全读完书后，因为有老母亲要奉养，因而一直待在家中，日子过得很清贫，但是刘备没有因他家贫就不再继续结交他，而是依然和他保持着朋友关系，还经常请他到自己的家中吃饭。

他们二人经常讨论当时的天下形势，因为两人有着共同的想法，于是二人的关系也越来越好。

东汉末年，天下大乱，刘备为了实现自己心中的宏伟目标，带领着一支队伍加入了当时的大混战中。初时，刘备的军事实力还很弱，因此不得不依附于他人。在一次交战中，刘备的队伍全军覆没，只有他一人逃离虎口。后来，刘备逃到石全的家中，石全便把他藏了起来，使他幸免于敌兵的追杀。

这个故事告诉我们，真诚的老朋友是不能抛弃的。在旧时，如果刘备因石全家贫而不去与之结交的话，那么他后来就很难逃脱虎口，日后也就不会出现三足鼎立的局面了。

我们常常都在结交新朋友，但在交了新朋友的同时，不要忘记老朋友。虽然有新朋友的加入是好的，但是，曾经帮助过我们的老朋友更不能忘记。因为老朋友对我们的贡献总是多于新朋友，并且与老朋友的关系只要时常维护就好，而要想与新朋友建立起比较牢固的关系还有很长的一段路要走。

所以说，忽略老朋友，而将大部分时间放在新朋友上并非明智之举。最好的做法是，在结识新朋友的同时，也不忘记老朋友，这样友情之火才能不灭，你的交际和内心才会因之平衡，你的人脉资源才会越来越丰富。

心理学启示

要想维护好自己的人脉圈，我们不得不保持新朋友和老朋友的平衡，不能偏向于任何一方。只有两方面达到平衡的时候，我们才能获得在人脉资源方面的优势，才能使自己关键的时刻立于不败之地。

参考文献

[1]舒娅. 心理学入门[M]. 北京：中国纺织出版社有限公司，2018.

[2]石楠. 心理学常识常备实用百科[M]. 北京：电子工业出版社，2016.

[3]米嘉文. 3分钟读懂一个心理学常识[M]. 北京：中国华侨出版社，2010.

[4]张弛. 一口气读遍心理学常识[M]. 北京：中国商业出版社，2016.